1+X 职业技术·职业资格培训教材

花卉工

HUAHUIGONG（四级）

主 编 韩 敏

编 者 庞伟星 徐冬梅

主 审 朱迎迎

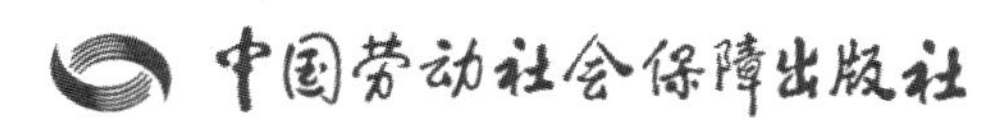

图书在版编目(CIP)数据

花卉工：四级/人力资源和社会保障部教材办公室等组织编写. —北京：中国劳动社会保障出版社，2014

1 + X 职业技术 · 职业资格培训教材

ISBN 978-7-5167-1263-4

Ⅰ. ①花…　Ⅱ. ①人…　Ⅲ. ①花卉-观赏园艺-职业培训-教材　Ⅳ. ①S68

中国版本图书馆 CIP 数据核字(2014)第 223846 号

中国劳动社会保障出版社出版发行

（北京市惠新东街 1 号　邮政编码：100029）

*

三河市潮河印业有限公司印刷装订　　新华书店经销

787 毫米 ×1040 毫米　16 开本　5.75 印张　9 彩色印张　277 千字

2014 年 10 月第 1 版　　2014 年 10 月第 1 次印刷

定价：46.00 元

读者服务部电话：（010）64929211/64921644/84643933

发行部电话：（010）64961894

出版社网址：http://www.class.com.cn

内容简介

本教材由人力资源和社会保障部教材办公室、中国就业培训技术指导中心上海分中心、上海市职业技能鉴定中心依据上海花卉工（四级）职业技能鉴定细目组织编写。教材从强化培养操作技能、掌握实用技术的角度出发，较好地体现了当前最新的实用知识与操作技术，对于提高从业人员基本素质、掌握花卉工的核心知识与技能有直接的帮助和指导作用。

本教材摒弃了传统教材注重系统性、理论性和完整性的编写方法，根据本职业的工作特点，以掌握实用操作技能和能力培养为根本出发点，采用模块化的方式编写。全书共分为5章，内容包括园林植物识别、园林植物病虫害识别、园林花卉的繁殖、园林花卉栽培——园林植物病虫害防治、园林花卉的应用，另外包括“植物识别与花坛种植”专项职业能力模拟试卷及“花卉繁殖与栽培（2）”专项职业能力模拟试卷。

本教材可作为花卉工（四级）职业技能培训与鉴定考核教材，也可供全国中、高等职业院校相关专业师生参考使用，以及本职业从业人员培训使用。

前　言

职业培训制度的积极推进，尤其是职业资格证书制度的推行，为广大劳动者系统地学习相关职业的知识和技能，提高就业能力、工作能力和职业转换能力提供了可能，同时也为企业选择适应生产需要的合格劳动者提供了依据。

随着我国科学技术的飞速发展和产业结构的不断调整，各种新兴职业应运而生，传统职业中也越来越多、越来越快地融进了各种新知识、新技术和新工艺。因此，加快培养合格的、适应现代化建设要求的高技能人才就显得尤为迫切。近年来，上海市在加快高技能人才建设方面进行了有益的探索，积累了丰富而宝贵的经验。为优化人力资源结构，加快高技能人才队伍建设，上海市人力资源和社会保障局在提升职业标准、完善技能鉴定方面做了积极的探索和尝试，推出了1+X培训与鉴定模式。1+X中的1代表国家职业标准，X是为适应经济发展的需要，对职业的部分知识和技能要求进行的扩充和更新。随着经济发展和技术进步，X将不断被赋予新的内涵，不断得到深化和提升。

上海市1+X培训与鉴定模式，得到了国家人力资源和社会保障部的支持和肯定。为配合上海市开展的1+X培训与鉴定的需要，人力资源和社会保障部教材办公室、中国就业培训技术指导中心上海分中心、上海市职业技能鉴定中心联合组织有关方面的专家、技术人员共同编写了职业技术·职业资格培训系列教材。

职业技术·职业资格培训教材严格按照1+X鉴定考核细目进行编写，内容充分反映了当前从事职业活动所需要的核心知识与技能，较好地体现了适用性、先进性与前瞻性。聘请编写1+X鉴定考核细目的专家以及相关行业的专家参与教材的编审工作，保证了教材内容的科学性及与鉴定考核细目以及题库的紧密衔接。

职业技术·职业资格培训教材突出了适应职业技能培训的特色，使读者通过学习与培训，不仅有助于通过鉴定考核，而且能够有针对性地进行系统学习，真正掌握本职业的核心技术与操作技能，从而实现从懂得了什么到会做什么的飞跃。

职业技术·职业资格培训教材立足于国家职业标准，也可为全国其他省市区开展新职业、新技术职业培训和鉴定考核，以及高技能人才培养提供借鉴或参考。

新教材的编写是一项探索性工作，由于时间紧迫，不足之处在所难免，欢迎各使用单位及个人对教材提出宝贵意见和建议，以便教材修订时补充更正。

人力资源和社会保障部教材办公室
中国就业培训技术指导中心上海分中心
上 海 市 职 业 技 能 鉴 定 中 心

目　录

第 1 章

园林植物识别

第 1 节　园林植物解剖基础

学习单元 1　园林植物的细胞和组织

学习目标

→了解细胞的繁殖

→熟悉植物细胞和动物细胞的区别

→掌握细胞的结构、植物组织的类型

知识要求

一、植物细胞

1. 细胞的概念

1665 年，英国科学家罗伯特·虎克（Robert Hooke）在用显微镜观察软木结构时，看到软木是由形似蜂窝、被分隔成一个个小室的集合，罗伯特·虎克称这些小室为“cell”，中文翻译为“细胞”。实际上，罗伯特·虎克看到的是已经失去生活内容物而仅留细胞壁的木栓细胞。

1838—1839 年，英国植物学家施莱登（M. Schleiden）和动物学家施旺（T. Schwann）根据对植物和动物观察的大量资料，提出一切动植物都是由细胞构成的，建立了 19 世纪自然科学三大发现之一的细胞学说。

细胞是生物体结构的基础，是表现生命现象的基本单位，但不是唯一单位。如使动植物及人类致病的病毒就是一类没有细胞结构而具有生命特性的有机体。

2. 植物细胞的形状与大小

植物细胞的形状与大小随着植物体的不同或同一植物体的不同部位而不同。游离的细胞一般呈球形或卵形，多细胞植物体内的细胞常由于细胞之间互相挤压而成多面体。同时，植物细胞的大小也与细胞的代谢活动、所执行的功能和外界环境条件有一定的关系，如输送水分的细胞呈圆柱形，起支持作用的细胞呈纤维形，在植物体表面起保护作用的细胞呈扁平形。

细胞一般都很小，直径在1～50 μm之间。也有很大的，如苏铁的卵细胞、成熟的番茄或西瓜果肉的细胞直径达1 mm，棉花的纤维细胞可达75 mm，而苎麻的纤维细胞可达到500 mm以上。

3. 植物细胞的基本结构

植物细胞的基本结构如图1—1所示。

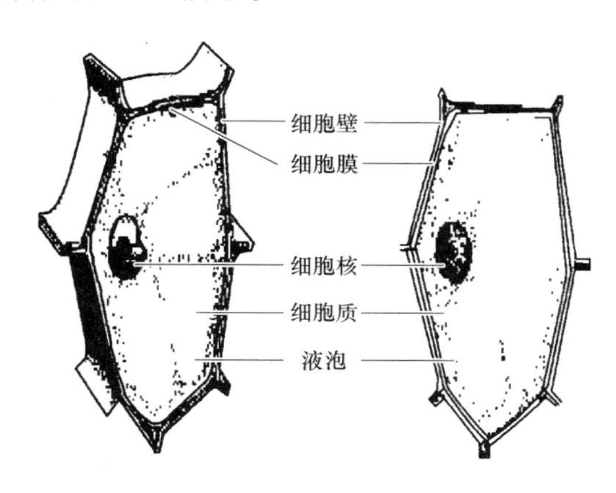

图1—1　植物细胞的基本结构

（1）细胞的构造

1）细胞壁。细胞壁是植物细胞最外层，是细胞特有的结构，可使细胞保持一定的形状，起到支持和保护细胞的作用。

细胞壁是三层结构（见图1—2）。最外一层为胞间层。胞间层是相邻两个细胞的共有层，主要化学成分是果胶质。在胞间层内是初生壁，在初生壁内是次生壁，次生壁是细胞停止生长后，初生壁的内侧继续加厚而形成的。初生壁的主要成分是纤维素，同时含少量的半纤维素，有时还含木质素。

细胞壁常由于新物质的渗入或细胞壁本身的物质发生变化而产生特化。常见细胞壁的特化有木质化、角质化、栓质化、黏质化。

2）细胞膜。细胞膜紧贴在细胞壁内侧。它控制物质进出细胞，主要成分是蛋白质。

3）细胞质。细胞质是指在细胞膜内液泡膜以外的原生质，是一种无色半透明、有弹性的胶体物质。其主要成分是蛋白质。在细胞质中分布着细胞的质体、线粒体、细胞核。在幼年细胞中，细胞质占有细胞壁和细胞核之间的全部空间；在成熟细胞中，随着中央液

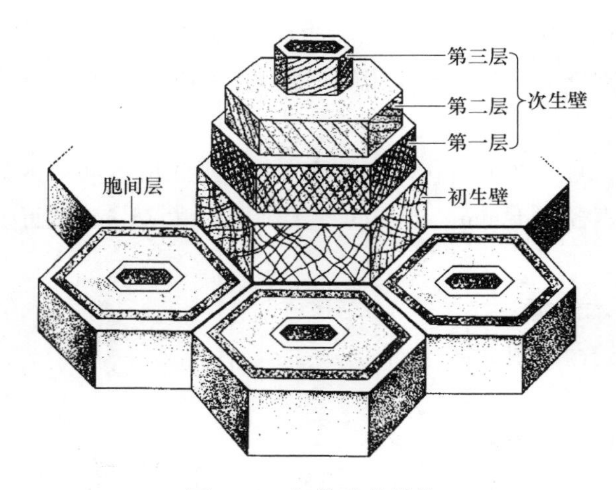

图 1—2　细胞壁的结构

泡的形成，细胞质就介于细胞壁与液泡之间。

4）细胞核。细胞质里一个近似球形的结构是细胞核。在幼年细胞中，细胞核位于细胞的中央，并呈球形，占有较大体积；成熟期的细胞，细胞核被中央大液泡挤向靠近细胞壁的部位而呈半球形。细胞核是包含遗传物质（DNA）的地方。

5）质体。质体是绿色植物细胞特有的细胞器。根据质体内是否有色素，质体可分为叶绿体、白色体和杂色体三种。

叶绿体是植物进行光合作用的质体，存在于植物绿色部分的细胞中，尤其是绿色叶片中存在得更多。叶绿体含有叶绿素（呈绿色）、叶黄素（呈黄色）、胡萝卜素（呈橙色或橙红色）。叶黄色和胡萝卜素不能直接参与光合作用，仅能把吸收来的光能传递给叶绿素进行光合作用。

白色体分布于植物体不见光的器官的细胞里。它是一种无色颗粒，是淀粉、脂肪、蛋白质积聚的中心。

杂色体又称有色体，主要存在于花瓣和果实中，含胡萝卜素和叶黄素。杂色体除使植物部分器官呈现出一定的色彩外，还有积累淀粉和脂类的作用。

6）线粒体。线粒体是一种粒状或条状的小的原生质体，与细胞的呼吸作用有密切关系。

（2）植物细胞与动物细胞的差异

植物细胞与动物细胞主要有三大差异。第一，植物细胞具有纤维素构成的细胞壁，而动物细胞在细胞质外无细胞壁；第二，成熟的植物细胞具有中央大液泡构造，而动物细胞无此构造；第三，植物细胞具有质体，尤其是叶绿体，能进行光合作用，自制有机养料。

4. 植物细胞的繁殖

细胞分裂是细胞数量的增加。在细胞进行分裂时，细胞核先发生一系列的变化，原来的细胞核分成两个等同的细胞核，接着在细胞中间逐渐生出新的细胞膜和细胞壁，将细胞质分隔成两份，各自含有一个细胞核。细胞分裂的方式有有丝分裂、无丝分裂和减数分裂三种。

（1）有丝分裂。有丝分裂一般发生在植物根尖、茎尖部位的分生组织的体细胞中。有丝分裂的整个过程可分为间期、前期、中期、后期和末期五个时期，包括细胞核分裂和细胞质分裂两个阶段。有丝分裂因在细胞分裂过程中产生染色体和纺锤丝而得名，如图1—3所示。有丝分裂的结果是母细胞核内的物质经复制后平均地分配到两个子细胞中去，故子细胞中染色体的数目、形状、大小等均与母细胞中的染色体完全相同，从而保证了子细胞和母细胞在遗传上的一致性和稳定性。

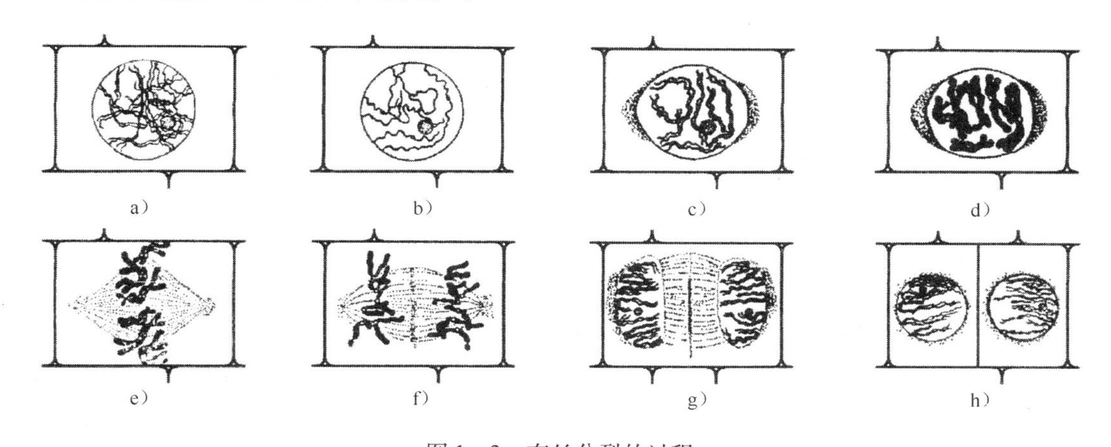

图1—3　有丝分裂的过程

a）分裂间期　b～d）前期　e）中期　f）后期　g～h）末期

（2）无丝分裂。无丝分裂主要存在于各种器官的薄壁组织、表皮等处。无丝分裂时细胞核向两端伸长，然后在核的中部从一面或两面向内凹横缢，使核呈“8”形。核断裂后即形成两个子核，中间产生新的细胞壁，这样一个母细胞就分裂成两个子细胞。无丝分裂在细胞分裂过程中不出现染色体和纺锤丝，因此消耗的能量较少，分裂的速度也较快。

（3）减数分裂。减数分裂是与植物有性生殖密切相关的一种细胞分裂方式，发生在花粉母细胞形成单核花粉粒（小孢子）和胚囊母细胞形成单核胚囊（大孢子）的时候。减数分裂因其母细胞核内的物质经过复制一次，而细胞分裂的结果是形成四个子细胞，每个子细胞染色体的数目为母细胞的一半而得名，如图1—4所示。减数分裂细胞DNA复制一次，故最后子细胞中的DNA含量是母细胞的一半。分裂时发生了同源染色体的配对，故减数分裂只有在双倍性染色体的细胞里发生，子细胞的染色体是父母本染色体的随机混合。由于变化复杂，减数分裂所需时间较长。

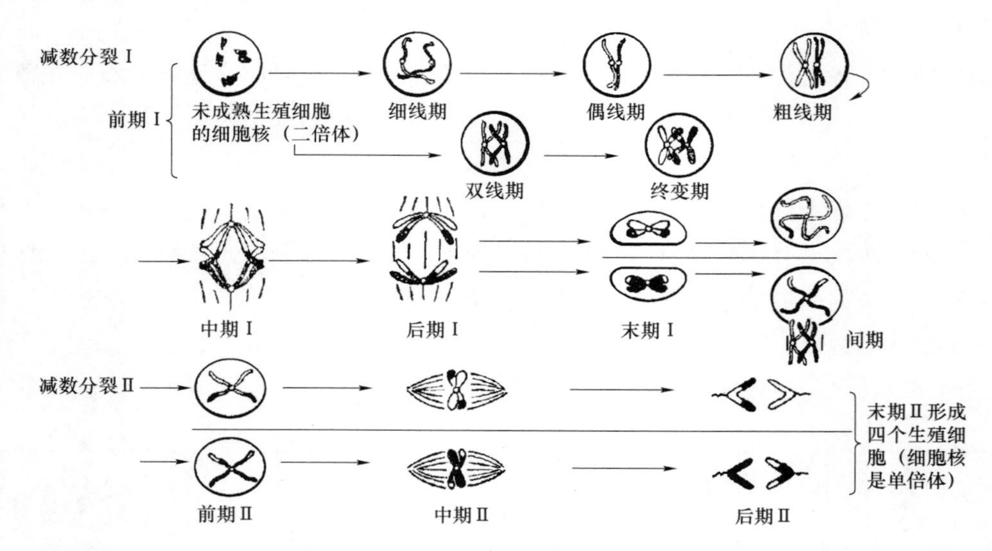

图1—4　减数分裂各时期的图解过程

二、植物组织

1. 植物组织的概念

分裂后形成的细胞都是一样的。这些细胞在生长过程中由于在植物体内处于不同部位，在生长过程中向不同方向发展，在形态、构造上形成各种不同的差异，因而具有不同的生理功能。通过细胞的分化，在来源上相同、生理机能和形态构造上相似的细胞联系在一起，在植物整体生活中担当一定的生理功能，这样的细胞群叫作组织。植物组织细胞的形态、构造和它们所执行的生理功能存在相适应性。如同化组织的细胞，细胞壁薄而透明，内含大量叶绿体，细胞之间排列疏松；保护组织的细胞，则细胞壁较厚，细胞之间排列紧密。

2. 植物组织的主要类型

植物组织的主要类型和分类情况如图1—5所示。

（1）分生组织。分生组织有显著的持续分裂能力，分裂出来的细胞一部分继续保持高度的分裂能力，另一部分则分化成其他各种组织。分生组织的细胞一般体积比较小且形状规则，细胞壁较薄，细胞核大，无液泡或仅有细小分散的液泡，细胞排列紧密，无细胞间

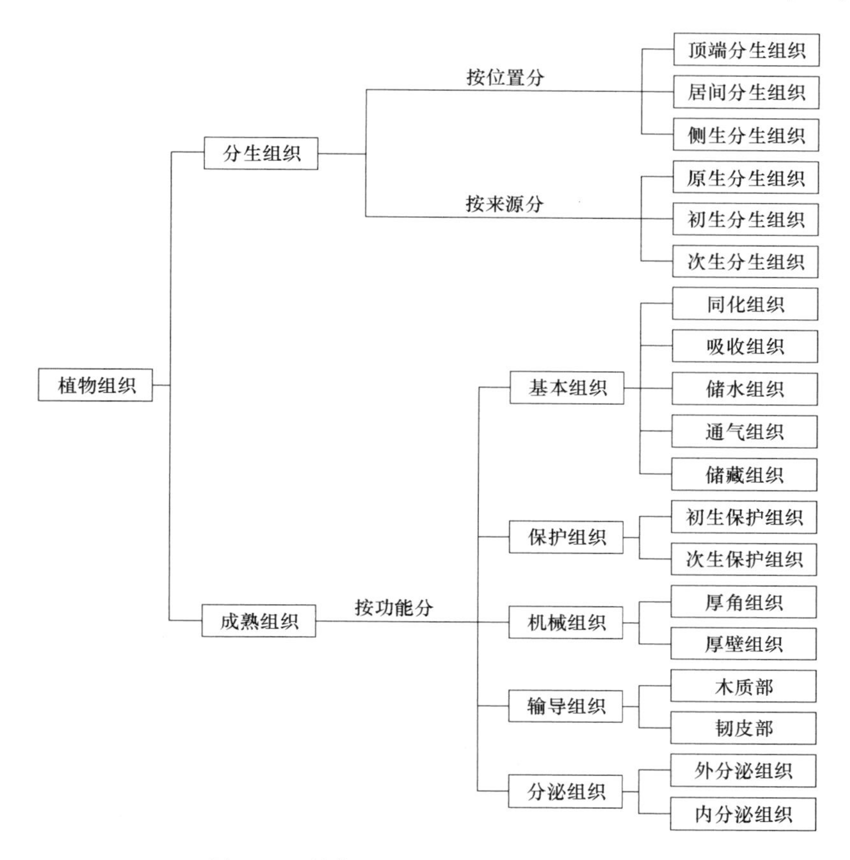

图 1—5　植物组织的主要类型和分类情况

隙，生命活动较强。

1）按所处位置分。分生组织按所处位置可以分为顶端分生组织、侧生分生组织和居间分生组织三种。

顶端分生组织主要存在于植物体的顶端部分，如根尖、茎尖及侧枝顶端。顶端分生组织的细胞分裂活动的结果是使茎长高、根扎深、枝开展。侧生分生组织主要存在于裸子植物和双子叶木本植物中的根和茎的侧面的周围部分，如维管束形成层和木栓形成层。维管束形成层活动的结果是使茎和根不断增粗；木栓形成层活动的结果是使根和茎的表面产生一种新的保护组织，代替破碎的表皮行使保护功能。居间分生组织存在于植物茎的节间基部、叶基或叶柄基、果柄基，尤其是存在于单子叶植物中。居间分生组织的细胞分裂活动的结果也可导致植物体的伸长，但伸长活动是有限的。

2）按细胞来源分。分生组织按细胞来源可分为原生分生组织、初生分生组织和次生分生组织三种。

（2）成熟组织。由分生组织分裂而来的细胞大部分不再分裂而进行生长，同时进行不同程度的分化，最后形成各种组织即为成熟组织。成熟组织按功能可分为基本组织、保护组织、机械组织、输导组织和分泌组织。

1）基本组织。基本组织又称薄壁组织，具有潜在的分裂能力。基本组织的细胞一般为等径多面体、球形、椭圆形，其胞间隙较大，在细胞内具有生活的原生质体。基本组织可以分为同化、吸收、储藏、通气、储水等组织，见表1—1。

表1—1　各种基本组织的情况

组织名称	主要功能	主要特点	存在部位
同化组织	进行光合作用	原生质体中分布着大量的叶绿体	植物体的绿色部分，如叶子、幼茎等部分，尤其是叶肉中的栅栏组织和海绵组织
吸收组织	吸收水分和溶解在水中的无机盐	细胞特化为毛状结构，并具有大液泡	根毛
储藏组织	储藏大量的营养物质	细胞中含有的质体是白色体	果实、种子、根、茎的皮层和髓以及块根、块茎、鳞茎等器官
通气组织	通气	茎和叶柄的细胞具有发达的细胞间隙，形成气腔或气道	水生植物
储水组织	储藏大量的水分	细胞较大，细胞壁较薄，液泡大，并且有黏性汁液	旱生的多肉植物

2）保护组织。保护组织分布于植物体表，起减少植物体内水分散失、控制植物与外界环境进行气体交换、防止病虫害侵袭和机械损伤的作用。保护组织有表皮和木栓两种。

①表皮。表皮主要位于植物茎、叶、花、果实、种子等器官的外表。一般是由一层细胞组成，细胞排列紧密，无胞间隙，无叶绿体。

表皮上有气孔，气孔一般由两个保卫细胞构成。双子叶植物的保卫细胞为半月形，单子叶植物的保卫细胞是哑铃形。由于保卫细胞有特殊的不均匀增厚的细胞壁，所以可导致气孔自由开闭，调节气体交换和水分蒸发。

表皮上常有角质层，甚至在角质层外还有蜡质，以防止体内水分过分蒸发和微生物的侵入。此外，在表皮上还有各种表皮毛，如腺毛。

②木栓。木栓是一种不透水、不透气的保护组织。它由木栓形成层作平周分裂，向外产生木栓层，向内产生栓内层。木栓层、木栓形成层和栓内层构成周皮。木栓增厚到一定程度会发生不同形式的开裂和脱落，从而形成不同状态的树皮。在周皮形成过程中，木栓形成层在原来表皮上气孔的位置向外分裂，不产生木栓而产生许多填充细胞，由于填充细

胞的大量积累，使表皮和木栓层破裂而形成裂隙，即为皮孔。皮孔也可进行气体交换。

3）机械组织。机械组织对植物起维持体型及支持作用。机械组织有厚角组织和厚壁组织两种。

厚角组织主要存在于幼嫩的、正在发育的茎、叶、叶柄、花梗等部分的外表或表皮下部。厚角组织为生活细胞，呈柱形，细胞壁不含木质，在角隅部分明显增厚。厚角组织是草本植物重要的机械组织，如薄荷的方茎。

厚壁组织为死细胞，细胞壁木质化，均匀增厚。如梨的果肉细胞中的石细胞、木质部和韧皮部中的纤维均是厚壁组织。

4）输导组织。输导组织是植物体内担负水分、无机养料、有机物运输的一种组织。输导组织有木质部中的导管或管胞、韧皮部中的筛管或筛胞两类。

①导管或管胞。木质部是一种由导管（管胞）、木纤维、木薄壁组织组合而成的复合组织。其中导管和管胞完成水分和溶解于水中无机盐的运输，木纤维和木薄壁组织分别担负支持和储藏功能。

导管是由许多端壁穿孔的管状死细胞首尾相接而形成的。管胞是一种两端尖、壁较厚、端壁不穿孔的管状死细胞以偏斜的两端相互穿插连接而形成的。根据增厚的方式及形成的花纹不同，导管可分为环纹导管、螺纹导管、梯纹导管、网纹导管和孔纹导管五种类型，如图 1—6 所示。

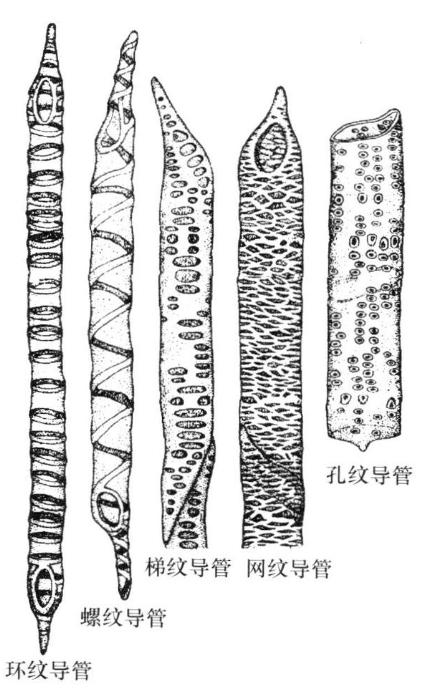

图 1—6　导管的类型

管胞是裸子植物特有的输导组织，其输导功能不及导管强，但支持能力较强。根据管胞壁的加厚也可分为环纹、螺纹、梯纹、网纹、孔纹五种类型。

②筛管或筛胞。韧皮部是由筛管（筛胞）、伴胞、韧皮部纤维、韧皮部薄壁细胞组成的一种复合组织。其中筛管和伴胞运输有机养料。筛管是由一些管状、生活的筛管分子连接而形成的，其两端特化为具有筛孔的筛板。

筛胞是裸子植物特有的输导有机养料的细胞，输导功能较弱，其端壁不特化为筛板，只有筛域。

5）分泌组织。分泌组织是一种能合成特殊有机物或无机物，并把它们排出体外、细胞外或积累在细胞内的组织。分泌组织可分为外分泌组织和内分泌组织两类。

①外分泌组织。外分泌组织有腺毛、蜜腺、腺表皮三种。

腺毛是由表皮细胞分化向外引申发展而形成的。蜜腺能分泌糖液，形状各异，主要着生在叶柄、雌蕊和雄蕊基部。腺表皮主要存在于雌蕊和根冠上，如花雌蕊的柱头分泌出粘着花粉的黏液，根冠细胞分泌出黏液润滑土壤。

②内分泌组织。内分泌组织有树脂道、油囊、乳汁管三种。

树脂道存在于松柏类植物中。油囊又称分泌囊，主要存在于芸香科植物、桂花、薄荷、桉树中。乳汁管主要存在于桑科、大戟科、杜仲科植物中，另外在菊科、夹竹桃科、旋花科植物中也能见到。

学习单元2　园林植物的器官

学习目标

→了解根、茎的初生结构和次生结构

→熟悉花的结构、根尖及其区分

→掌握叶的构造和生态适应性、种子的构造和种子萌发的环境条件

知识要求

一、器官的概念

所谓器官，是由许多组织结合在一起构成的，它具有一定的形状、构造，并执行一定

的生理功能，是植物体的一部分。被子植物由六种器官构成，其中根、茎、叶与营养有密切关系，故称营养器官；花、果实、种子与繁殖（生殖）有密切关系，故称繁殖（生殖）器官。种子植物的器官如图1—7所示。

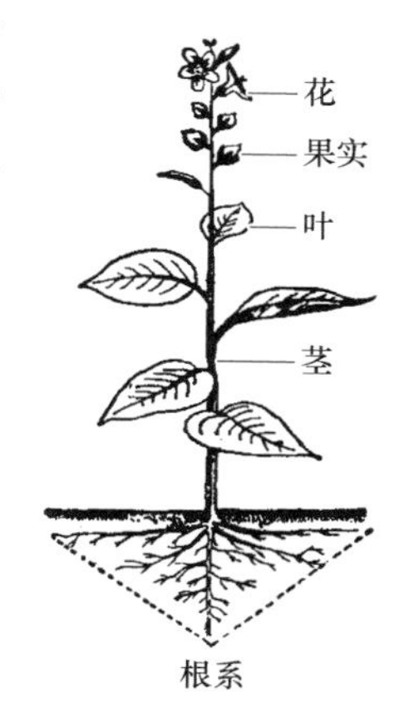

图1—7　种子植物的器官

根、茎、叶的生长称为营养生长，花、果实、种子的生长称为生殖生长。一般地说，植物生长的前期以营养生长为主，出现生殖器官以后，植物体就由以营养生长为主转入以生殖生长为主。营养器官和繁殖（生殖）器官互为基础，相互影响。同样，营养生长与生殖生长也存在相互依存的关系。营养生长是生殖生长的物质基础和能量基础。生殖生长所需要的有机养料主要是由营养生长所提供的，所以营养器官生长不良，生殖器官生长也不良。但营养生长过旺，有机养料大部分被营养生长所消耗，生殖生长就得不到足够的有机养料。因此，茎、叶生长过旺的植株，往往开花延迟，结果不良。同样，生殖生长也反过来会影响营养生长。如果生殖生长消耗有机养料过多，同样会抑制营养生长，甚至使营养器官不能再继续生活下去。果树的“大小年”、竹子开花后死亡等均为此原因。

下面以被子植物为例叙述园林植物的器官。

二、园林植物的根

1. 根尖及其分区

（1）根尖。根的先端有一段长不足4 cm、生命活动非常旺盛的区域称作根尖。根的生长、分化和吸收等功能主要由根尖来行使。因此，一株植物根系中根尖的多少比根的粗壮更为重要。

（2）根尖分区。按细胞形态、功能，根尖从先端开始依次分为根冠、生长点（分生区）、伸长区和成熟区，如图1—8所示。

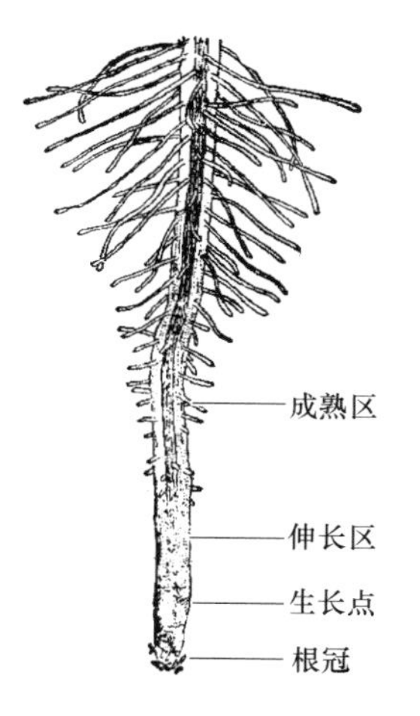

图1—8　根尖分区

根冠是由若干层薄壁细胞构成的“帽”状结构，套在根的分生区先端。根冠在根与土壤的摩擦中细胞不断破损，细胞内的物质流出，润湿土壤与根的表面，减少根在土壤中生长的阻力。根冠是根在土壤中生长的特殊环境下形成的保护结构，也是引导根向地生长的主要区域。根冠与土壤摩擦破损后，由根的生长点往根冠区补充细胞，使根冠始终维持在一定的厚度。

生长点又称分生区，由一群顶端分生组织构成。生长点细胞小而紧密，细胞质浓，细胞核大，无液泡或无大液泡，具有旺盛的分裂能力。生长点不断发生细胞分裂，以增加细胞数量，其中一部分补充到根冠，另外一部分继续分裂，但绝大部分进入伸长区。

在生长点上方的是伸长区。伸长区细胞沿着长轴方向伸长，而且离生长点越远，细胞伸长越显著。由于伸长区细胞的强烈伸长，整个根尖就被推向前方。

在伸长区上方是成熟区。成熟区细胞不再伸长，细胞分化也基本完成，形成了各种组织。在成熟区的前部，表皮细胞常突出形成根毛，所以成熟区又叫根毛区。根毛是一种生活细胞，其寿命一般在 10 天左右。

2. 根的初生结构

根的初生结构从外向内依次由表皮、皮层和中柱三部分构成，如图 1—9 所示。

表皮位于根的最外层。表皮细胞排列紧密，长方体形，长轴与根的长轴平行，外侧细胞壁一般不加厚，能向外延伸成为根毛。

皮层是根初生结构中占比重最大的部分。它由大量的薄壁细胞构成，细胞形状有球形、亚球形或长方体形。皮层分为外皮层和内皮层两层。与表皮相连的一层细胞排列紧密，称为外皮层，当表皮枯死后由此起保护作用；与中柱相连的一层细胞排列也很紧密，称为内皮层。

内皮层以内的部分称为中柱。与内皮层相连的一两层细胞像一个鞘将中柱包裹起来，称为中柱鞘。中柱鞘具有潜在的分裂能力，能发生侧根，也能转化成维管形成层细胞和木栓形成层细胞。中柱鞘以内是中柱薄壁细胞，被中柱薄壁细胞分隔成束的维管组织称为维管束。根的初生维管束分初生木质部和初生韧皮部。

3. 根的次生结构

根的次生结构如图 1—10 所示。

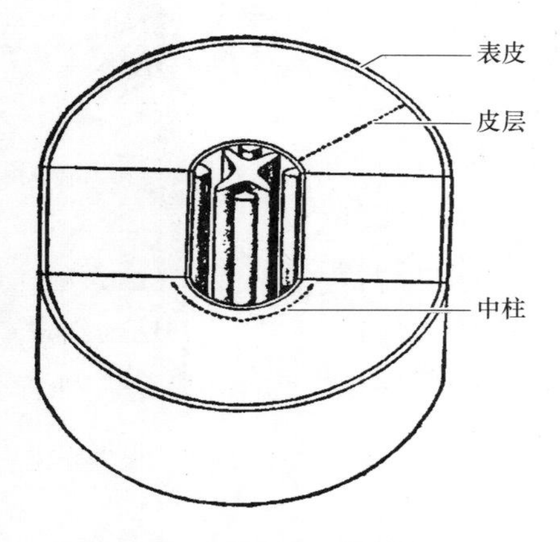

图 1—9　根的初生结构立体图解

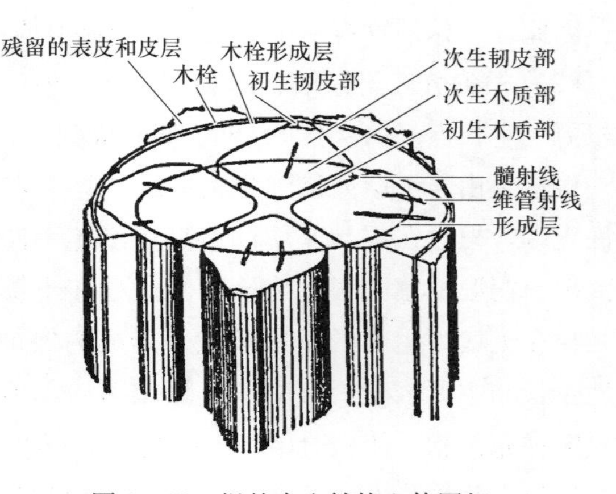

图 1—10　根的次生结构立体图解

根的次生结构由根的次生分生组织——形成层、木栓形成层的活动产生。

（1）形成层的发生和活动。根的形成层来源有二：一是由中柱鞘对着原生木质部位置的细胞产生的；二是由分隔木质部和韧皮部的中柱薄壁细胞脱分化恢复分生能力产生的。

根的形成层片段向两段延伸发展，最后连成一个凹凸形的形成层环。形成层主要进行平周分裂，向圈内方向分化产生次生木质部，向圈外方向分化产生次生韧皮部。由于次生木质部形成的速度快、数量大，次生韧皮部形成的速度慢、数量少，因此，凹凸形的形成环逐渐变成圆形。最后在根的中柱内的层次（从外向内）是：中柱鞘—初生韧皮部痕迹—次生韧皮部—微管形成层区—次生木质部—初生木质部。

（2）木栓形成层的发生和活动。木栓形成层有中柱鞘产生，它是一圆圈环，进行平周分裂，向圈内分生薄壁细胞，形成栓内层；向圈外分生木栓细胞，形成木栓层。木栓层、木栓形成层和栓内层三者合为周皮。

4. 侧根的形成

侧根起源于主根的中柱鞘。在中柱鞘中靠近木质部放射面位置的细胞，细胞质变浓、液泡缩小，重新恢复分生能力，形成向外的突起，这部分分生细胞即为侧根的分生区，它的先端细胞分化为根冠。由于侧根分生细胞的不断分裂，其后方的细胞强烈伸长，成为侧根的伸长区。在切断主根时，常可促进侧根的发生与生长。因此，在植物移植时切断主根，可以保证根系的旺盛发育，便于移植的进行。

5. 根瘤和菌根

（1）根瘤。高等维管植物的根和某些细菌共生，由于细菌的刺激，根的皮层发生畸形膨胀，成为瘤状突起，称为根瘤。与高等维管植物根共生的细菌统称为根瘤菌。根瘤菌进入根的皮层后，一方面从植物体内获得水分和营养，同时将空气中游离的氮转化成氨，并进一步形成有机氮供高等植物利用；另一方面根瘤菌也向土壤分泌有机氮。

（2）菌根。菌根是高等植物与真菌共生的现象。菌根具有一定的固氮能力，使根的吸收部位不局限于根毛区，增强植物对水分的吸收，提高植物抗旱能力。菌根有外生菌根、内生菌根和兼生菌根三种。外生菌根是真菌的菌丝侵染根的表面或皮层细胞的间隙，如松科植物；内生菌根是真菌的菌丝侵入根的皮层细胞内，与原生质体混合在一起，如杜鹃；兼生菌根是指植物的菌根既有外生菌根，又有内生菌根，如草莓。

三、园林植物的茎

1. 茎尖的构造

茎尖分为分生区、伸长区、成熟区。茎尖分生区实质上是一个原始顶端细胞或一群细胞及其衍生的分裂细胞。茎上的节、叶和形成侧枝的芽以及后来的生殖器官，都是由分生区活动产生的。茎尖的伸长区从外观上可见节间的延长，对光线敏感。与根尖相比，茎尖缺少冠状结构。

2. 双子叶植物茎的构造

（1）双子叶植物茎的初生结构。双子叶植物茎的初生结构由表皮、皮层和维管柱组成，如图 1—11 所示。

表皮是幼茎最外面的一层保护细胞，上有气孔和表皮毛，透明不含叶绿体。茎的皮层不如根的皮层发达，无明显的外皮层和内皮层，在靠近表皮的一些细胞中的原生质体转化成叶绿体。茎的维管柱由中柱鞘、维管束、髓及髓射线组成。

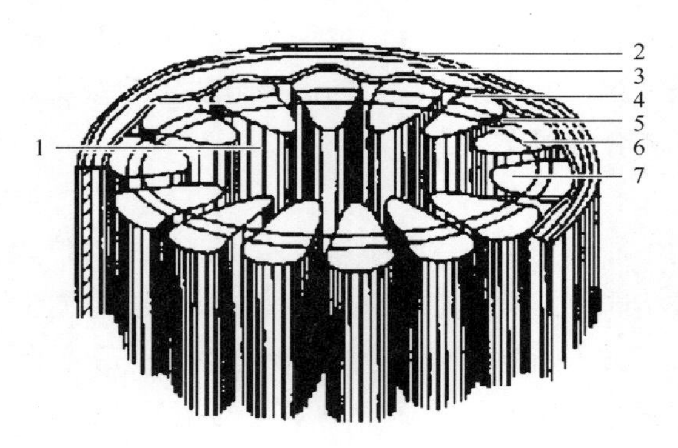

图 1—11　双子叶植物茎的初生结构

1—髓　2—表皮　3—皮层　4—中柱鞘纤维　5—初生韧皮部

6—形成层　7—初生木质部

（2）双子叶植物茎的次生构造。双子叶植物茎的横切面（从外向内）如图 1—12 所示。

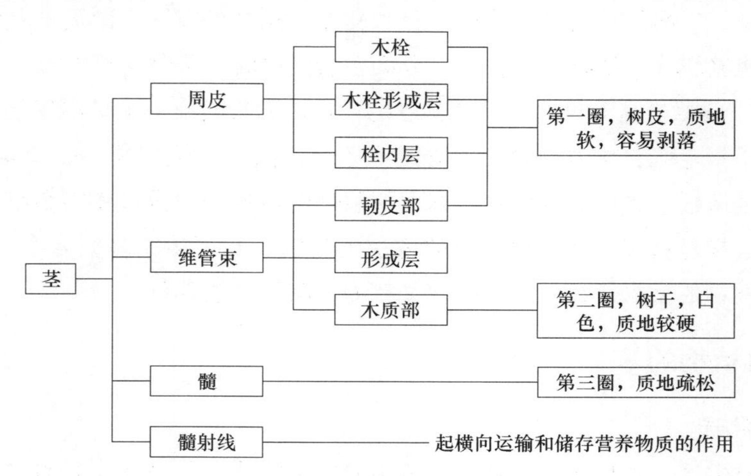

图 1—12　双子叶植物茎的横切面示意图

3. 裸子植物茎的构造特点

裸子植物木质部中通常具有树脂道，输导组织仅有管胞，而且不具有机械组织，管胞兼具输导及机械作用。裸子植物韧皮部的输导组织则为筛胞，不具筛管。

4. 单子叶植物茎的构造特点

单子叶植物的茎表面有一层表皮，表皮内有一圈机械组织。维管束分散分布在茎的机械组织中，不像双子叶植物的皮层、中柱鞘、髓、髓射线等有明显的界线。维管束内无形成层，不能进行次生生长，因此终生为初生构造，茎长到一定程度之后就不再增粗。同理，单子叶植物也不能进行嫁接繁殖。

四、园林植物的叶

1. 叶的构造

（1）叶的典型构造

1）表皮。表皮是叶最表面的细胞层，一般为一层细胞。表皮分上下两层，分别称为上表皮和下表皮。下表皮上的气孔比上表皮多，含叶绿体较少，表皮细胞外壁一般都有角质或蜡质加厚。

2）叶肉。叶肉是上下表皮之间绿色组织的总称。靠近上表皮的叶肉细胞呈圆柱状，排列紧密，含较多叶绿体，这些细胞称为栅栏组织。靠近下表皮的叶肉细胞呈球形或不规则形，排列疏松，胞间隙多而且大，含叶绿体较少，称为海绵组织。

3）叶脉。叶脉是叶片的输导组织和机械组织，它的构造与茎内维管束相似，木质部靠近叶片的上表皮，木质部只有管胞，韧皮部靠近叶片的下表皮。叶脉的机械组织在叶背一边比较发达，因此叶背面的叶脉常稍有凸起。

（2）禾本科植物叶的构造特点。禾本科植物的叶在构造上主要有五大特点。第一，表皮细胞形状比较规则，排列成行，形状包括长方柱形和短方柱形两种；第二，在上表皮的一些地方具有沿叶长轴排列成若干纵列的泡状细胞；第三，气孔的保卫细胞为两个哑铃形细胞；第四，叶肉组织无明显的栅栏组织和海绵组织；第五，叶肉维管束平行排列，在维管束上下方常是发达的机械组织。

（3）松针叶的构造特点。松针叶的构造也有五大特点。第一，表皮是复表皮；第二，气孔在叶上排列成与针叶长轴平行的数行，并下陷形成气孔线；第三，叶肉内常有树脂道；第四，叶肉组织以内有明显的内皮层；第五，维管束为一个或两个，并占据在针叶的中央。

2. 叶的生态适应性

叶的生态适应类型见表1—2。

表 1—2　　叶的生态适应类型

序号	适应类型	特点	举例
1	旱生叶	叶片较小且狭窄，表皮的角质层较厚。下表皮常密生多种表皮毛，气孔下陷。叶肉的栅栏组织发达，海绵组织不发达甚至消失，输导和机械组织很发达	龙舌兰
2	水生叶	叶的表皮一般无角质层，与水接触的一面无气孔。叶柔软、疏松，具有发达的通气组织。维管组织特别是木质部和机械组织不发达	荷花
3	阳生叶	叶片厚实，栅栏组织比较发达。表皮细胞的角质层厚。叶绿体数量多，但个体小	悬铃木
4	阴生叶	叶片薄，栅栏组织简单，细胞间空隙大，机械组织不发达，表皮细胞的角质层薄且常含叶绿体	大叶黄杨

3. 叶的寿命和落叶

植物的叶并非永久存在，而是有一定的生活期（寿命）。落叶树在寒冷或干旱等生长不良季节，全树的叶子几乎在比较短的时间内同时枯死脱落，仅留枝、芽。落叶对植物生长有利。常绿树也要落叶，只是它的叶子生活期较长，往往是新叶已萌发生长了，老叶尚未脱落，而且它的落叶是陆续进行的。落叶是因为植物在一定外界条件影响下，在叶柄基部产生离层（叶柄基部有一个区域的薄壁细胞分裂，产生一群小形细胞，这群细胞的细胞壁胶质化，细胞成为游离状，这个区域的支持力量很小，称为离层），离层形成后，由于叶片自身的重量，再加外力（如风、雨等）作用，叶就从离层处脱落。

五、园林植物的花

1. 花的结构

花由花梗、花托、花被（包括花萼和花冠）、雄蕊、雌蕊五部分组成。具备花萼、花冠、雄蕊、雌蕊的花朵称为完全花，缺少其中一部分或几部分的花朵称为不完全花。同时具备雄蕊和雌蕊的花朵称为两性花，只具备雄蕊或雌蕊的花朵称为单性花。其中，只有雄蕊的花朵称为雄花，仅有雌蕊的花朵称为雌花，雄蕊和雌蕊都不具备的花朵则称为无性花。

2. 花粉的形成与发育

花粉的形成和发育过程如图 1—13 所示。

3. 胚囊的形成与发育

胚囊的形成和发育过程如图 1—14 所示。

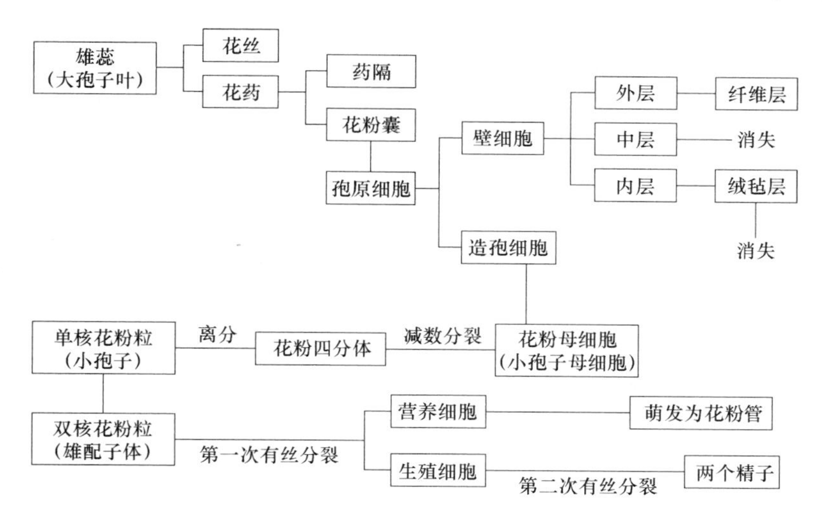

图 1—13　花粉的形成和发育过程

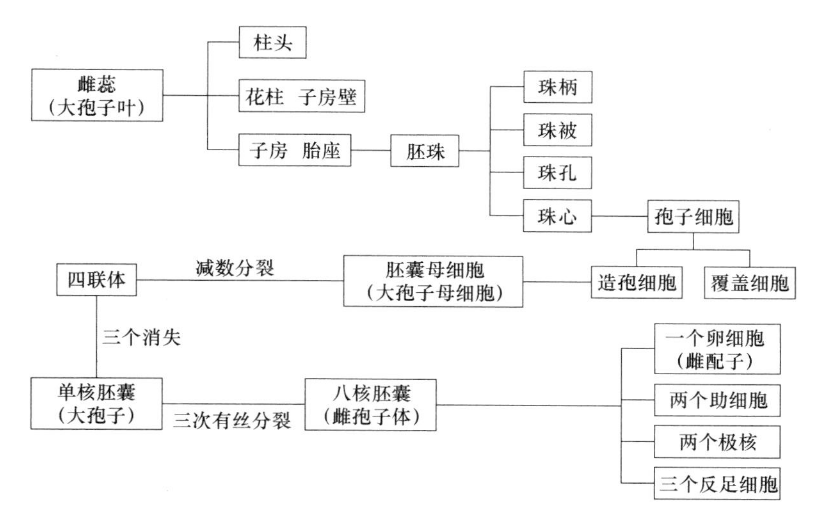

图 1—14　胚囊的形成和发育过程

4. 开花、传粉和受精

(1) 开花。当花的各部分已经形成，花粉粒和胚囊也达到成熟，或者其中之一达到成熟时，花被由闭合状态转入展开状态，将所掩盖的雌雄蕊裸露出来，即为开花。对于某一种植物来说，开花时间一般是固定的。

(2) 传粉。花粉以各种不同的方式到达柱头上的过程称为传粉。植物传粉的方式有自花传粉和异花传粉两类。

自花传粉是指一朵花的花粉落到同一朵花的柱头上，完成传粉受精的现象，如图1—15a 所示。异花传粉是指花粉到达同株或不同株的另一朵花的柱头上的现象，如图1—15b 所示。异花传粉根据传粉的动力划分有风媒和虫媒两种方法。

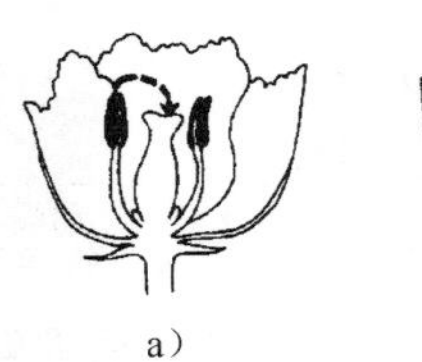

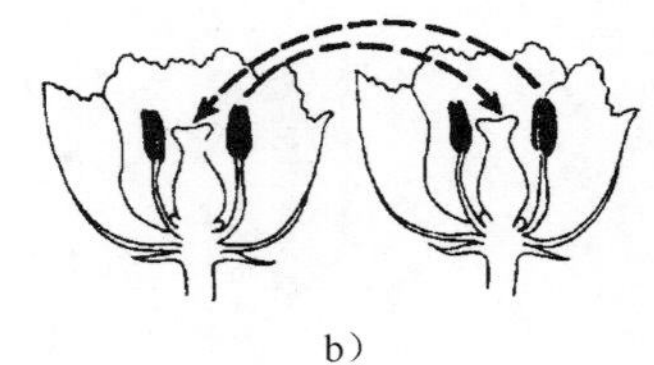

图 1—15　传粉形式

a）自花传粉　b）异花传粉

所谓风媒，是指凭借风力来完成传粉的过程。利用风力来完成传粉的花朵称为风媒花。风媒花一般不具鲜艳的色彩、香味及蜜腺；花粉粒的数量多而体积小，花粉粒表面常光滑、不黏结成块，以便风力的传播；柱头往往扩展成羽毛状，以便有较大的表面积从风中捕获花粉。

所谓虫媒，是指传粉作用借助于昆虫（主要是蜂类，此外还有蝶、蛾、蝇等其他类昆虫）为媒介而完成传粉过程。适应于虫媒的花朵称为虫媒花。虫媒花常以其鲜艳的色彩、特殊的气味或分泌蜜汁等特点来引诱昆虫；花粉粒大，表面不平，具有各种沟纹、突起或刺，甚至黏着成块，便于附着在昆虫的身上被携带；在花的构造上也常有适应于某种昆虫传粉的一些特殊结构。

（3）受精。花粉粒落到柱头上以后，即被柱头上的突起和黏液粘着，花粉粒便在柱头黏液的刺激下开始萌发，发出细长的花粉管，花粉管不断伸长，经花柱进入子房一直达到胚珠，然后从珠孔进入胚囊。进入胚囊后，靠近珠孔的一个助细胞退化将花粉管顶端溶穿，花粉细胞内的原生质被冲进胚囊的另一个助细胞内，只有两个精子被冲到卵细胞与极核之间。其中一个精子的细胞核进入卵细胞，与卵细胞的核融合成为受精卵（也称为合子），将来发育成为胚。另一个精子与两个极核细胞受精成为初生胚乳核，将来发育成为胚乳。被子植物的两个精子分别与卵细胞和极核细胞受精的现象称为双受精。双受精现象是被子植物特有的生殖方式。

六、园林植物的果实和种子

1. 果实的构造

（1）果实的形成。被子植物经过受精作用后，花的各部分起了显著的变化。花萼与花冠一般都枯萎脱落，雌蕊的柱头和花柱也凋谢。仅子房或与子房相连的其他部分迅速生长，最终由子房或其他部分一起参与形成果实，子房内的胚珠发育成为种子。

（2）果实的构造。成熟的果实果皮一般分为三层。最外层是外果皮，中层为中果皮，内层为内果皮。外果皮由子房外壁和外壁以内的数层细胞构成，一般具有角质层、皮孔或毛、翅。通常幼果呈绿色，成熟时由于细胞内含有花青素或含有色体显示出黄、橙、红等颜色。中果皮一般较厚，其质地差异较大。内果皮是由子房内壁形成的，结构较复杂。

纯粹由子房发育而成的果实叫真果；除子房外，还有花的其他部分参与形成的果实叫作假果。果实的构造如图1—16所示。

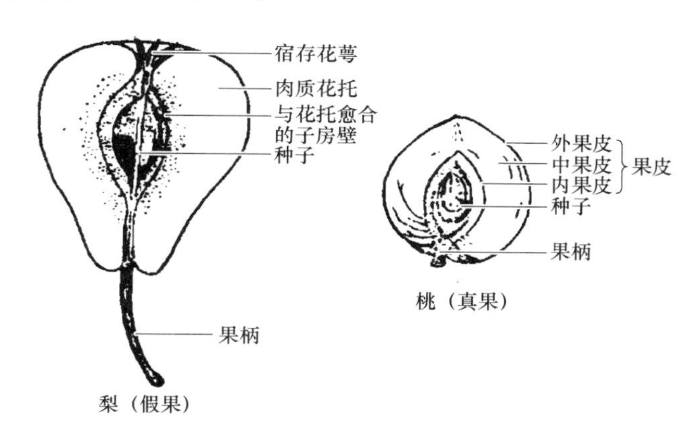

图1—16 果实的构造

2. 种子的构造

种子的构造如图1—17所示。

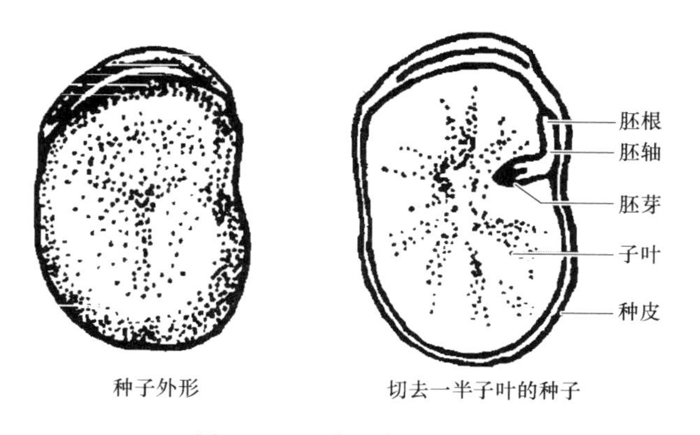

图1—17 蚕豆种子的构造

（1）种皮。种皮是种子的外被，它保护胚和胚乳。种皮细胞的细胞壁常发生特化，加强了保护能力，但种皮特化往往给种子萌发带来困难。种皮细胞常含有一定的色素，使不同的种子呈现不同色彩和花纹。

（2）胚。胚是植物的雏形，由胚芽、胚轴、胚根和子叶四部分组成。胚轴是胚的中轴，上连胚芽，下接胚根，中间着生子叶。子叶与胚芽之间为上胚轴，子叶与胚根之间为下胚轴。在被子植物中，种子里包含两枚子叶的为双子叶植物，如广玉兰；种子里仅有一枚子叶的为单子叶植物，如竹。

（3）胚乳。胚乳是种子储藏有机养料的地方，储藏的有机养料主要有淀粉、脂肪、蛋白质。这些物质在种子萌发的过程中被吸收消耗。有部分植物的种子在成熟过程中，胚乳不断将积累的营养转移到子叶中去，当种子成熟时，子叶变得十分肥大，而胚乳消失，即成为无胚乳种子。

3. 果实和种子的传播

（1）借助风力传播。适应于风力传播的果实和种子大多数小而轻，并常具有翅或毛等附属物，如蒲公英。

（2）借助水力传播。如莲的花托疏松呈海绵状，适于漂浮水面，而有利于其传播。又如热带海边的椰子外果皮坚实，可抵抗海水的腐蚀。中果皮呈疏松的纤维状，可适应漂洋过海传至远方，一旦被冲上海岸，只要环境适宜便开始萌发。

（3）借助人类和动物的活动传播。这类果实或种子常具有刺或钩，当人或动物接触它们时，便附着于衣服或皮毛上而被携带到各处。另一类果实和种子，因其果肉甜美或具有鲜艳的色泽，并具有坚硬的果皮或种皮，容易吸引动物食用，被一些鸟兽取食后，将果实或种子四处散播，或未能经过消化而随粪便排出体外而传播。

（4）借助于自身的弹力传播。有些果实由于各层果皮细胞的含水量不同，当其成熟干燥后收缩的程度各不相同，因此产生了一种冲击力，如凤仙花。

4. 种子的萌发

（1）种子萌发的概念。在适宜的条件下，种子的胚从休眠状态转变为活动状态时，胚根开始生长，突破种皮发展成幼苗，这个过程称为种子的萌发。

（2）种子萌发的过程。种子吸水膨胀，种皮变软，胚根首先生长，从种孔突破种皮，向下生长形成主根。当胚根长到一定长度后，胚轴与胚芽也开始生长，突破种皮，钻出土面，形成茎叶，以后逐渐形成一株完整的幼苗。因此，种子萌发过程是先生根再发芽。

5. 幼苗的类型

（1）子叶出土幼苗。种子萌发时由于下胚轴生长强烈，将子叶与胚芽送出土面。子叶出土后，在光照下变成绿色，开始进行光合作用。以后由上胚轴与胚芽发育形成茎叶，由胚芽的生长所形成的叶称为真叶。幼苗在出现真叶后，子叶逐渐枯萎脱落，如图 1—18 所示。

（2）子叶留土幼苗。种子萌发时，下胚轴几乎不生长或生长不多，子叶不被送出土面，而由于上胚轴的生长将胚芽送出土面，形成真叶，如图 1—18 所示。

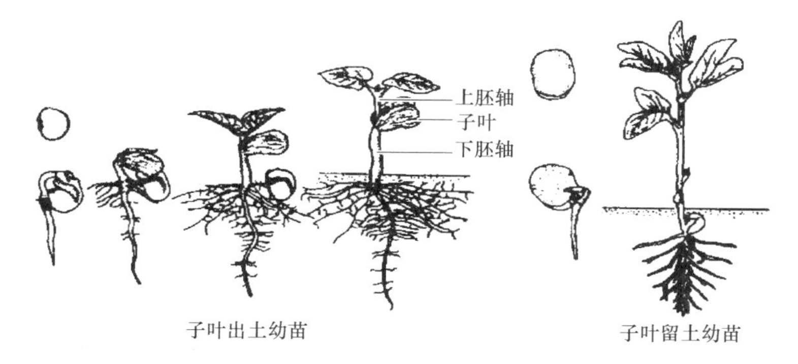

图 1—18　子叶出土幼苗和子叶留土幼苗

第 2 节　常见园林植物的识别

学习单元 1　常见园林树木识别

学习目标

→了解常见园林树木的习性和园林用途

→掌握常见园林树木的形态特征

→能够识别常见园林树木

知识要求

一、常见乔木类植物识别

1. 常见常绿乔木识别

（1）苏铁（*Cycas revoluta*）（见图 1—19）

【科属】苏铁科，苏铁属。

【别名】铁树。

【原产地及分布】原产于我国南部。

【形态特征】茎高达 5 m。叶羽状，厚革质而坚硬，羽片条形，边缘显著反卷；雄球花长圆柱形，小孢子叶木质，密被黄褐色绒毛；雌球花略呈扁球形，大孢子叶宽卵形，有羽状裂，密被黄褐色绵毛。花期 6—8 月。

【习性与栽培】喜暖热、湿润气候，不耐寒，在温度低于 0℃时极易受害。可用播种、分蘖、埋插等法繁殖。

雄株

雌株

图 1—19　苏铁

【园林用途】体形优美，有反映热带风光的观赏效果，常布置于花坛的中心或盆栽布置于大型会场内供装饰用。

（2）云杉（*Picea asperata*）（见图 1—20）

【科属】松科，云杉属。

【别名】粗枝云杉、大果云杉、粗皮云杉。

【原产地及分布】原产于我国四川、陕西、甘肃等地。

【形态特征】树冠圆锥形。叶长 1 ~ 2 cm，先端尖，横切面菱形，上面有 5 ~ 8 条气孔线，下面有 4 ~ 6 条气孔线。

图 1—20　云杉

【习性与栽培】有一定耐阴性。喜冷凉、湿润气候，但对干燥环境有一定抗性。浅根性，要求排水良好、微酸性、深厚土壤。一般用播种方法繁殖。

【园林用途】苍翠壮丽，生长较快，故在风景林等方面可起较大作用。

（3）墨西哥落羽杉（*Taxodium mucronatum*）（见图 1—21）

【科属】杉科，落羽杉属。

【别名】墨西哥落羽松、尖叶落羽杉。

【原产地及分布】原产于墨西哥及美国西南部。

【形态特征】半常绿或常绿乔木。树冠高大雄伟，高可达 50 m，胸径 4 m。树冠广圆锥形。叶扁线形，紧密排成羽状二列。花期春季，秋后果熟。

图 1—21　墨西哥落羽杉

【习性与栽培】喜光。喜温暖、湿润气候。耐水湿，耐寒，对盐碱土适应能力强。繁殖多在 3—4 月播种，或在 5—10 月进行扦插。

【园林用途】树形高大挺拔，是优良的绿地树种。可孤植、对植、丛植或群植于河边、宅旁，也是我国江南地区理想的庭院树种，还可作行道树。

（4）柳杉（*Cryptomeria fortunei*）（见图 1—22）

【科属】杉科，柳杉属。

【别名】长叶柳杉、孔雀松、杪椤树、长叶孔雀松。

【原产地及分布】原产于我国浙江天目山、福建及江西庐山等地。

【形态特征】树冠塔圆锥形。叶钻形，微向内曲，先端内曲，四面有气孔线。

图 1—22　柳杉

【习性与栽培】略耐阴，略耐寒。喜温暖湿润的气候和深厚、肥沃的沙质壤土。在积水处，根易腐烂。繁殖可用播种和扦插方法。

【园林用途】树形圆整而高大，树干粗壮，极为雄伟，适宜于独植、对植，也宜丛植或群植。

图 1—23 日本扁柏

（5）日本扁柏（*Chamaecyaris obtusa*）（见图 1—23）

【科属】柏科，扁柏属。

【别名】扁柏、钝叶扁柏。

【原产地及分布】原产于日本。我国青岛、南京、上海、杭州等地均有栽培。

【形态特征】树冠尖塔形。鳞叶尖端较钝。球果球形，种鳞常为四对，花期 4 月，球果 10—11 月成熟。

【习性与栽培】略耐阴。喜凉爽且温暖湿润气候。喜生于排水良好的较干山地。可用播种和扦插方法繁殖。

【园林用途】树形及枝叶均美丽可观，常用于庭园配植用。可作园景树、行道树、树丛、风景林及绿篱用。

（6）刺柏（*Juniperus formosana*）（见图 1—24）

【科属】柏科，刺柏属。

【别名】缨络柏、台湾柏、山刺柏、刺松。

【原产地及分布】原产于我国。

【形态特征】树冠狭圆形，小枝下垂，树皮灰褐色。叶全刺形，表面略凹，有两条白色气孔带，白色带比绿色部分宽。球果球形或卵状球形。

【习性与栽培】喜光，耐寒。可用播种或嫁接方法繁殖。

【园林用途】体形秀丽，枝长

图 1—24 刺柏

而下垂，常作为庭院植物使用。

（7）三尖杉（*Cephalotaxu fortunei*）（见图 1—25）

【科属】三尖杉科，三尖杉属。

【别名】榧子、血榧、石榧、山榧树。

【原产地及分布】主要分布于我国长江流域。

【形态特征】小枝对生。叶在小枝上螺旋状着生成两列状，线状披针形，微弯曲，叶背有两条白色气孔线，比绿色边缘宽 3 ~ 5 倍。

图 1—25　三尖杉

【习性与栽培】喜温暖、湿润气候。耐阴，不耐寒。一般用播种或扦插方法繁殖。

【园林用途】树形高大，适宜作为庭院植物用。

（8）粗榧（*Cephalotaxus sinensis*）（见图 1—26）

图 1—26　粗榧

【科属】三尖杉科，粗榧属。

【别名】粗榧杉、中华粗榧杉、中国粗榧。

【原产地及分布】原产于我国。

【形态特征】常绿灌木或小乔木。树皮薄片状脱落。叶条形，很少微弯，上面绿色，下面气孔带白色，较绿色边带宽 3 ~ 4 倍。

【习性与栽培】喜阳。喜温暖，也耐寒。喜含有机质的壤土。耐修剪，但不耐移植。一般采用播种方法繁殖。

【园林用途】适宜与其他植物配植，或作基础种植用，也可在草坪边缘使用。

（9）榧树（*Torreya grandis*）（见图 1—27）

【科属】红豆杉科，榧树属。

图 1—27　榧树

【别名】榧、野杉、玉榧。

【原产地及分布】原产于我国江苏南部、浙江、福建北部、安徽南部及湖南等地。

【形态特征】大枝轮生，一年生小枝对生。叶条形，直而不弯，上面绿色而有光泽，中脉不明显，下面有两条黄白色气孔带。

【习性与栽培】耐阴。喜温暖、湿润气候，不耐寒。喜生于酸性且肥沃、深厚土壤。一般在采种后立即播种。

【园林用途】树冠整齐，枝叶繁密，适宜于孤植、列植使用。

（10）杨梅（*Myrica rubra*）（见图 1—28）

【科属】杨梅科，杨梅属。

【别名】树梅、山杨梅。

【原产地及分布】原产于我国、日本。

图 1—28　杨梅

【形态特征】高达 12 m，胸径 60 cm。树冠近球形，树皮黄灰黑色，老时浅纵裂，幼枝及叶背有黄色小油腺点。叶倒披针形，全缘或近端部有浅齿。

【习性与栽培】稍耐阴，不耐烈日直射。喜温暖、湿润气候及排水良好的酸性土壤，不耐寒。繁殖可用播种、压条及嫁接等法。

【园林用途】枝繁叶茂，树冠圆整，初夏又有红果累累，十分可爱，可孤植、丛植于草坪、庭院。

（11）苦槠（*Castanopsis sclerophylla*）（见图1—29）

图1—29　苦槠

【科属】壳斗科，栲属。

【原产地及分布】原产于我国长江以南各地。

【形态特征】树冠圆球形。树皮纵裂。叶长椭圆形，中上部有齿，背面有灰白色或浅褐色蜡层，革质。坚果单生于球状总苞内，总苞外有环状列之瘤状苞片，花期5月，果10月成熟。

【习性与栽培】喜湿润、温暖的气候和深厚、湿润的中性或酸性土，也耐干旱和瘠薄。能耐阴。对SO_2等有毒气体抗性强。一般用播种方法繁殖。

【园林用途】枝叶繁密，宜于草坪孤植、丛植，构成常绿阔叶树为基调的风景林，或作为花木的背景树。

（12）青冈栎（*Cyclobanopsip glauca*）（见图1—30）

【科属】壳斗科，青冈栎属。

图1—30　青冈栎

【别名】青栲、铁栎。

【原产地及分布】原产于我国、朝鲜、日本。

【形态特征】叶长椭圆形或倒卵状长椭圆形，边缘上半部有疏齿，中部以下全缘，背面灰绿色。坚果卵形或近球形。花期4—5月，果10—11月成熟。

【习性与栽培】喜温暖、湿润的气候。较耐阴。喜钙质土，在排水良好、腐殖质深厚的酸性土壤上也生长很好。萌芽力强，耐修剪。常采用播种方法繁殖。

【园林用途】枝叶茂密，是良好的绿化、观赏及造林树种。适宜丛植、群植或与其他常绿树混交成林。

（13）月桂（*Laurus nobilis*）（见图1—31）

图 1—31　月桂

【科属】樟科，月桂属。

【别名】月桂树。

【原产地及分布】原产于地中海一带。

【形态特征】常绿小乔木。树冠卵形。叶椭圆形至广披针形，全缘，缘波状，表面暗绿色，揉碎有醇香，叶柄带紫色。花黄色，聚伞花序簇生叶腋，4 月开放。

【习性与栽培】喜光，稍耐阴。喜温暖、湿润的气候及疏松、肥沃的土壤。耐干旱，并有一定耐寒能力。萌芽力强。繁殖主要采用扦插和播种方法。

【园林用途】可在草坪上进行孤植、丛植，也可列植于路旁、墙边，还可对植于门的两侧。

（14）柑橘（*Citrus reticulata*）（见图 1—32）

【科属】芸香科，柑橘属。

【别名】柑橘。

【原产地及分布】原产于我国，广泛分布于长江以南地区。

图 1—32　柑橘

【形态特征】常绿小乔木或灌木。单生复叶，椭圆形，全缘或有细钝齿，叶柄近无翼。花黄白色，单生或簇生叶腋，具香气，春季开花。果扁球形，径 5 ~ 7 cm，橙黄色或橙红色，果皮薄易剥离，10—12 月果熟。

【习性与栽培】喜温暖、温润气候。耐寒性较强。一般采用播种和嫁接方法繁殖。

【园林用途】我国著名果树之一，叶四季常青，春季香花满树，秋冬季节黄果累累。除专门作果园经营外，还适宜于在庭园、绿地及风景区等地种植。

(15) 冬青 (*Ilex chinensis*) (见图 1—33)

【科属】冬青科，冬青属。

【别名】冻青。

【原产地及分布】原产于我国长江流域及其以南地区。

图 1—33 冬青

【形态特征】叶薄革质，椭圆形至披针形，缘疏生浅齿。雌雄异株，聚伞花序着生于当年生枝叶腋，花期 5—6 月。果深红色，椭球形，9—10 月成熟。

【习性与栽培】喜光，稍耐阴。喜温暖、湿润气候和肥沃的酸性土壤。较耐潮湿，不耐寒。对 SO_2 及烟尘有一定抗性。一般用播种方法繁殖。

【园林用途】冬青四季常青，入秋后红果累累。适宜作庭院树，也可作绿篱栽植，还可进行盆栽观赏或制作成盆景观赏。

(16) 大叶冬青 (*Ilex tatifoia*) (见图 1—34)

图 1—34 大叶冬青

【科属】冬青科，冬青属。

【别名】苦丁茶、波罗树。

【原产地及分布】原产于日本及我国的长江下游至华南地区。

【形态特征】小枝有纵棱。叶大，厚革质，长椭圆形，缘有细锯齿。花黄绿色，密集出生于两年生枝叶腋，春季开花。果红色，秋季成熟。

【习性与栽培】耐阴，不耐寒。一般采用播种方法繁殖。

【园林用途】绿叶红果，颇为美丽。适宜用作庭院栽植。

(17) 钝齿冬青 (*Ilex crenata*) (见图 1—35)

【科属】冬青科，冬青属。

图 1—35　钝齿冬青

【别名】波缘冬青。

【原产地及分布】原产于日本及我国广东、福建、山东等地区。

【形态特征】常绿灌木或小乔木。叶厚革质，椭圆形至长倒卵形，缘有浅钝齿，背面有腺点。花小，白色，花期 5—6 月。果球形，熟时黑色，10 月成熟。

【习性与栽培】同大叶冬青。

【园林用途】适宜于在庭院栽植，也可作为盆景材料。

（18）杜英（*Elaeocarpus syluestris*）（见图 1—36）

【科属】杜英科，杜英属。

【别名】山杜英、胆八树。

【原产地及分布】原产于我国南部地区。

【形态特征】树冠卵球形。小枝红褐色。叶薄革质，倒卵状长椭圆形，缘有浅锯齿，脉叶有时具腺体，绿叶中常存少量鲜红的老叶。总状花序白色，腋生，花期 6—8 月。核果椭球形，熟时暗紫色，10—12 月成熟。

图 1—36　杜英

【习性与栽培】稍耐阴。喜温暖、湿润气候，耐寒性不强。适生于排水良好、酸性的土壤。对 SO_2 有较强的抗性。繁殖一般采用播种或扦插方法。

【园林用途】霜后部分叶变红色，红绿相间。适宜于在草坪、林缘丛植，也可栽作其他花木的背景树。

(19) 油橄榄 (*Olea europaea*) (见图1—37)

【科属】木犀科，油橄榄属。

【别名】齐墩果。

【原产地及分布】原产于地中海区域，在欧洲南部及美国南部广为分布。

【形态特征】常绿小乔木。小枝四棱形。叶近革质，披针形或长椭圆形，全缘，边略反卷。圆锥花序，花冠白色，芳香，花期4—5月。核果椭圆状至近球形，黑色光亮，10—12月成熟。

【习性与栽培】喜光。喜冬季温暖、湿润，夏季干燥、炎热的气候条件。适宜在土层深厚、排水良好的沙壤土中生长。稍耐干旱，不耐积水。对盐分有较强的抵抗力。繁殖可采用嫁接、扦插、压条等方法。

图1—37　油橄榄

【园林用途】枝叶繁茂，花朵芳香。可丛植于草坪、墙隅，在小庭院中栽植也很适宜，可成片栽植。

(20) 毛竹 (*Phyllostachyr pubescens*) (见图1—38)

图1—38　毛竹

【科属】禾本科，刚竹属。

【别名】楠竹、孟宗竹。

【原产地及分布】原产于我国秦岭、汉水至长江流域以南海拔1 000 m以下广大酸性土山地。

【形态特征】秆高10 ~ 25 m，径12 ~ 20 cm。新秆密被细柔毛，有白粉，老秆无毛，白粉脱落而在节下逐渐变黑色。枝叶两列状排列，每小枝保留2 ~ 3叶，叶较小，披针形。笋期3月底至5月初。

【习性与栽培】喜温暖、湿润的气候，耐 -16.7℃的低温。喜肥沃、深厚、排水良好的酸性沙壤土。繁殖可用播种、分株、埋鞭等方法。

【园林用途】叶翠、四季常青。可在风景区大面积种植，也是建筑、水池、花木等的绿色背景。合理栽植又可分隔园林空间。

图1—39 刚竹

（21）刚竹（*Phyllostachsviridis*）（见图1—39）

【科属】禾本科，刚竹属。

【别名】桂竹。

【原产地及分布】原产于我国，主要分布在黄河与长江流域以南广大地区。

【形态特征】秆高10～15 m，径4～9 cm。新秆无毛，微被白粉，老秆仅节下有白粉环。每小枝有2～6叶，叶片披针形。笋期5—7月。园林常用的是黄金嵌碧玉的栽培变种（秆金黄色，节下面有绿色环带，节间有少数绿色纵条）。

【习性与栽培】抗性强，能耐－18℃低温。微耐盐碱，在pH值为8.5左右的碱土和含盐0.1%的盐土上也能生长。

【园林用途】同毛竹。

（22）蒲葵（*Livistona chinensis*）（见图1—40）

【科属】棕榈科，蒲葵属。

【别名】扇叶葵、葵树。

【原产地及分布】原产于我国南部。

【形态特征】叶大，扇形，质厚，有折叠，裂片约72枚，末端两裂，先端下垂。肉穗花序，腋生。花小，黄绿色，花期3—4月。

【习性与栽培】喜高温、多湿的热带气候，也能耐0℃左右的低温。喜光，也能耐阴。喜湿润、肥沃、有机质丰富的黏性壤土。用播种方法繁殖。

图1—40 蒲葵

【园林用途】四季树冠伞形，叶大扇形，为热带风光植物，也可盆栽。

（23）丝葵（*Washingtonia filifera*）（见图1—41）

【科属】棕榈科，棕榈属。

【别名】老人葵、华盛顿棕榈。

【原产地及分布】原产于美国加利福尼亚州、亚利桑那州以及墨西哥。

【形态特征】株高可达 20 m。叶簇生于顶，掌状中裂，圆形或扇形折叠，边缘具有白色丝状纤维。肉穗花序白色，花小，花期 6—8 月。

图 1—41　丝葵

【习性与栽培】喜温暖、湿润、向阳的环境。较耐寒。耐干旱和瘠薄土壤。不宜在高温、高湿处栽培。用播种方法繁殖。

【园林用途】美丽的风景树，宜栽植于庭园观赏，也可作行道树。

（24）加拿利海枣（*Phoenix canariensis*）（见图 1—42）

图 1—42　加拿利海枣

【科属】棕榈科，刺葵属。

【别名】长叶刺葵、槟榔竹。

【原产地及分布】原产于加那利群岛。我国引种栽培。

【形态特征】羽状复叶，拱形，总轴两侧有 100 多对小羽片，穗状花序，黄褐色。果长椭圆形，熟时黄色至淡红色。花期 5—7 月，果期 8—9 月。

【习性与栽培】喜高温多湿的热带气候，稍能耐寒。喜充足阳光，也稍耐阴。在肥沃的土壤中生长良好。能耐干旱、瘠薄的土壤。繁殖用播种方法。

【园林用途】具热带风光，宜作行道树或园林绿化树种，或盆栽作室内观赏。

（25）深山含笑（*Michelia maudiae*）（见图 1—43）

【科属】木兰科，含笑属。

【别名】光叶白兰、莫氏含笑。

【原产地及分布】原产于印度尼西亚、爪哇。

【形态特征】高达 20 m。叶互生，革质，矩圆形或矩圆状椭圆形，全缘。花单生于枝梢叶腋，白色，芳香，直径 10 ~ 12 cm，花被片数为 9，排成三轮。

图 1—43　深山含笑

【习性与栽培】喜温暖、湿润环境，有一定耐寒能力。喜光，幼时较耐阴。喜深厚、疏松、肥沃且湿润的酸性沙质土。可用播种、扦插、压条、嫁接等方法繁殖。

【园林用途】早春优良观花树种，也是优良的园林和四旁绿化树种。

（26）木荷（*Schima Superba*）（见图 1—44）

图 1—44　木荷

【科属】山茶科，木荷属。

【别名】荷树。

【原产地及分布】主要分布于我国安徽、浙江、福建、江西、湖南、四川、广东、贵州、台湾等地。

【形态特征】高 20 ~ 30 m。树冠广卵形。叶革质，卵状长椭圆形至矩圆形。花白色，芳香，单生于枝顶叶腋或成总状花序，花期 5 月。

【习性与栽培】喜暖热、湿润的气候，能耐短期的 -10℃ 低温。喜光，但幼树能耐阴。能耐干旱、瘠薄土壤，但在深厚、肥沃的酸性沙质壤土上生长最快。一般用播种方法繁殖。

【园林用途】可作庭阴树及风景林。

（27）厚皮香（*Ternstroemia gymnanthera*）（见图 1—45）

【科属】山茶科，厚皮属。

【原产地及分布】原产于我国、日本、柬埔寨、印度。

【形态特征】常绿小乔木或灌木。高 3 ~ 8 m。叶革质，倒卵状椭圆形。花淡黄色，花期 7—8 月。

【习性与栽培】喜温热、湿润的气候，不耐寒。喜光，也较耐阴。一般采用播种方法繁殖。

【园林用途】植株树冠整齐，叶青绿可爱，可丛植庭园观赏用。

图 1—45　厚皮香

2. 常见落叶乔木识别

（1）金钱松（*Pseudolarix kaempferi*）（见图 1—46）

图 1—46　金钱松

【科属】松科，金钱松属。

【别名】金松、水树。

【原产地及分布】原产于我国，主要分布在浙江、江西、湖北、四川等地区。

【形态特征】树冠阔圆锥形。叶条形，在长枝上互生，在短枝上轮状簇生。雄球花簇生短枝顶部；雌球花单生短枝顶部，紫红色；花期 4—5 月。球果卵形或倒卵形，淡红色，10—11 月成熟。

【习性与栽培】喜光，幼时稍耐阴。喜温凉、湿润的气候和深厚、肥沃、排水良好的中性或酸性沙质壤土。耐寒，不耐干旱和积水。一般用播种方法繁殖。

【园林用途】与南洋杉、雪松、日本金松和巨杉合称为世界五大公园树。体形高大，树干端直，入秋叶变为金黄色，极为美丽。可孤植或丛植。

（2）旱柳（*Salix matsudana*）（见图 1—47）

【科属】杨柳科，柳属。

【别名】柳树、立柳。

图 1—47　旱柳

【原产地及分布】原产于我国，主要分布在黄河流域。

【形态特征】高达 18 m，胸径 80 cm。树冠卵圆形至倒卵形。树皮纵裂。叶披针形至狭披针形，缘有细锯齿，背面微被白粉。花期 3—4 月。

【习性与栽培】喜光，不耐阴。耐寒性强。喜水湿，也耐干旱。对土壤要求不严格，在干瘠沙地、低湿河滩和弱盐碱地上均能生长，但以肥沃、疏松、潮湿土壤最为适宜。繁殖以扦插为主，播种也可。

【园林用途】重要的园林及城乡绿化树种。最宜沿河湖岸边及低湿处、草地上栽植；也可作行道树、防护林及沙荒造林等用。但由于柳絮繁多、飘扬时间长，故在精密仪器厂、幼儿园及城市街道等地均以种植雄株为宜。

（3）胡桃（*Juglans regia*）（见图 1—48）

【科属】胡桃科，胡桃属。

【别名】核桃、英国胡桃、波斯胡桃。

【原产地及分布】原产于欧洲东南部及亚洲西部。

【形态特征】高 20 ~ 25 m。奇数羽状复叶，互生；小叶数为 5 ~ 9 枚，全缘，椭圆状卵形至长椭圆形，基部偏斜。花单性，雌雄同株，与叶同时开放，花期 5—6 月；雄花序腋生，下垂；雌花序顶生，直立。核果近球形，果期 9—10 月。

图 1—48　胡桃

【习性与栽培】喜温暖、湿润的环境。较耐干冷，不耐湿热，适于阳光充足、排水良好、湿润且肥沃的微酸性至弱碱性壤土或黏质壤土。抗旱性较弱，不耐盐碱；抗风性较强，不耐移植，不耐水淹。可采用播种或嫁接方法繁殖。

【园林用途】树冠雄伟，枝叶繁茂，常作道路绿化，起防护作用。

（4）板栗（*Castanea mollissima*）（见图 1—49）

【科属】壳斗科，栗属。

【别名】栗子、毛栗。

【原产地及分布】原产于我国，分布于越南、我国大陆及台湾地区。

【形态特征】单叶，椭圆或长椭圆状，边缘有刺毛状齿。雌雄同株，雄花为直立柔荑花序，雌花单独或数朵生于总苞内，花期 5—6 月。坚果包藏在密生尖刺的总苞内，果熟期 9—10 月。

图 1—49　板栗

【习性与栽培】适宜的年均温为 10. 5 ~ 21. 7℃。喜潮湿的土壤，但又怕雨涝的影响。对土壤酸碱度较为敏感，适宜在 pH 值为 5 ~6 的微酸性土壤上生长。

【园林用途】树冠雄伟，枝叶繁茂，在园林中可作道路绿化，起防护作用。

（5）白栎（*Quercus fabri*）（见图 1—50）

图 1—50　白栎

【科属】壳斗科，栎属。

【别名】青冈树、橡栎。

【原产地及分布】原产于我国淮河以南、长江流域至华南、西南各地区。

【形态特征】高达 20 m。小枝密生灰色褐色绒毛。叶倒卵形或倒卵状椭圆形，缘有波状粗钝齿，背面灰白色，密被星状毛。坚果长椭圆形。

【习性与栽培】喜光。喜温暖的气候。耐干旱、瘠薄，但在肥沃、湿润处生长最好。萌芽力强。繁殖一般采用播种方法。

【园林用途】枝叶繁茂，宜作庭阴树于草坪中孤植、丛植，或在山坡上成片种植，也可作为其他花灌木的背景树。

（6）榔榆（*Ulmus paroifolia*）（见图 1—51）

图 1—51　榔榆

【科属】榆科，榆属。

【别名】小叶榆。

【原产地及分布】原产于我国、日本和朝鲜。

【形态特征】株高 25 m，胸径 1 m。树冠扁球形至卵圆形。树皮不规则薄鳞片状剥离。叶长椭圆形至卵状椭圆形，基部歪斜，缘具单锯齿。花簇生叶腋，花期 8—9 月。翅果长椭圆形至卵形，10—11 月成熟。

【习性与栽培】喜光，稍耐阴。喜温暖气候，也能耐 －20℃ 的短期低温。喜肥沃、湿润土壤。对 SO_2 等有毒气体及烟尘的抗性较强。一般用播种方法繁殖。

【园林用途】在庭院中孤植、丛植，或与亭榭、山石配植都很合适。还可作庭阴树、行道树或制作成盆景。

（7）裂叶榆（*Ulmus laciniata*）（见图 1—52）

【科属】榆科，榆属。

【别名】青榆、大青榆、麻榆、大叶榆。

【原产地及分布】原产于我国东北及内蒙古、河北、山西等地。

图 1—52　裂叶榆

【形态特征】高达 27 m，胸径 50 cm。树皮浅纵裂。叶倒卵形、倒三角状、倒三角状椭圆形或倒卵状长圆形，叶先端 3 ~ 7 裂，裂片三角形或成长尾状。聚伞花序，生于二年生枝上。翅果椭圆形或长圆状椭圆形。花果期 4—5 月。

【习性与栽培】喜光，稍耐阴。多生于山坡中部以上排水良好、湿润的斜坡或山谷。一般采用播种方法繁殖。

【园林用途】可孤植或丛植，作庭阴树。

（8）珊瑚朴（*Celtis julianae*）（见图 1—53）

【科属】榆科，朴属。

【别名】棠壳子树。

【原产地及分布】原产于我国，主要分布于黄河以南地区。

【形态特征】高 27 m。树冠圆球形。叶宽卵形、倒卵形或倒卵状椭圆形，中部以上具钝圆锯齿或近全缘。果核卵球形。花期 4 月，果期 9—10 月。

图 1—53　珊瑚朴

【习性与栽培】喜光，略耐阴。对土壤要求不严格。耐寒、耐旱，耐水湿和瘠薄。深根性，抗风力强。抗污染力强。主要采用播种繁殖。

【园林用途】优良的观赏树、行道树及工厂绿化、四旁绿化的树种。

（9）桑树（*Morus alba*）（见图 1—54）

图 1—54　桑树

【科属】桑科，桑属。

【别名】家桑。

【原产地及分布】原产于我国中部，主要分布于长江中下游地区。

【形态特征】树冠倒广卵形。树皮灰褐色。叶卵形或卵圆形，缘具粗钝锯齿。雌雄异株，花期 4 月。聚花果（桑葚）长卵形至圆柱形，熟时紫黑色、红色或近白色，汁多味甜，5—6 月成熟。

【习性与栽培】喜光。喜温暖和寒冷。耐干旱和水湿。在土层深厚、肥沃、湿润处生长最好。繁殖方法多样，可采用播种、扦插、压条、分根、嫁接等方法。

【园林用途】树冠开阔，枝叶茂密，秋季叶色变黄，且能抗烟尘及有毒气体，适于城市、工矿区及农村四旁绿化。

（10）厚朴（*Magnolia officinalis*）（见图 1—55）

【科属】木兰科，木兰属。

【别名】厚皮、重皮。

图 1—55　厚朴

【原产地及分布】分布于我国长江流域和陕西、甘肃南部。

【形态特征】高 15 ~ 20 m。树皮紫褐色。叶簇生于枝端，倒卵状椭圆形。花顶生，白色，芳香，先叶后花，花期 5 月。

【习性与栽培】喜光，但能耐侧方庇荫。喜湿润、温和的气候，不耐严寒和酷暑。喜湿润且排水良好的酸性土壤。可用播种及分蘖方法繁殖。

【园林用途】叶大阴浓，可作庭阴树栽培。

（11）杜仲（*Eucimmia ulmoides*）（见图 1—56）

【科属】杜仲科，杜仲属。

【别名】丝棉皮、棉树皮。

【原产地及分布】原产于我国。

【形态特征】高达 20 m，胸径 1 m。树冠圆球形。单叶互生，椭圆状卵形，缘有锯齿。花期 4 月，叶前开放或与叶同放。果 10—11 月。

【习性与栽培】喜光，不耐阴。喜温暖、湿润的气候及肥沃、湿润、深厚且排水良好的土壤。在酸性、中性及微碱性土上均能正常生长。繁殖主要用播种方法，扦插、压条及分蘖或根插也可进行。

图 1—56　杜仲

【园林用途】枝叶茂密，树形整齐优美，是良好的庭阴树及行道树。也可作一般的绿化造林树种。

（12）木瓜海棠（*Chaenomeles cathayensis*）（见图 1—57）

【科属】蔷薇科，木瓜属。

【别名】毛叶木瓜、木桃。

【原产地及分布】主产于我国四川、湖北、安徽、浙江等地。

【形态特征】高达7 m。叶椭圆形或椭圆状长圆形，缘具刺芒状细锯齿，齿端具腺体。花单生于短枝端，淡红色，花期4月。梨果长椭圆形，深黄色，具光泽，有芳香，果期9—10月。

【习性与栽培】喜光照充足，耐旱，耐寒。主要用分株繁殖，也可用扦插和播种繁殖。

【园林用途】花色烂漫，树形好，是庭园绿化的良好树种。可丛植于庭园墙隅、林缘等处。

图1—57　木瓜海棠

（13）西府海棠（*Malus micromalu*）（见图1—58）

图1—58　西府海棠

【科属】蔷薇科，苹果属。

【别名】小果海棠。

【原产地及分布】分布于我国云南、甘肃、陕西、山东、山西、河北、辽宁等地。

【形态特征】高达8 m。小枝幼时红褐色。叶互生，椭圆形至长椭圆形，缘有紧贴的细锯齿。花粉红色至红色，花期4—5月。

【习性与栽培】喜光，耐寒，忌水涝，较耐干旱，适生于肥沃、疏松且排水良好的沙质壤土。繁殖以嫁接为主，也可采用播种、压条及根插。

【园林用途】花朵红粉相间，叶子嫩绿，可孤植、列植、丛植。

（14）梅花（*Prunus mume*）（见图1—59）

【科属】蔷薇科，李属。

【别名】梅。

【原产地及分布】原产于我国。

【形态特征】株高4～10 m。叶广卵形至卵形，叶缘有细齿。先花后叶，花着生在一

图 1—59　梅花

年生枝条的叶腋，单生，有单瓣和重瓣之分，一般在 12 月至次年 4 月上旬开放。

【习性与栽培】喜光及温暖且稍湿润的气候。具有一定的耐寒能力。对土壤要求不严格，耐瘠薄。可用嫁接和扦插方法繁殖。

【园林用途】可在庭院种植，或与建筑、山石等配植，也可作为冬季的切花。另外，与松、竹一起被称为“寒岁三友”；与兰、竹、菊一起代表冬、春、夏、秋四个季节，并被称为“四君子”。

（15）黄檀（*Dalbergia hupean*）（见图 1—60）

图 1—60　黄檀

【科属】豆科，黄檀属。

【别名】不知春。

【原产地及分布】在我国的秦岭、淮河以南至华南、西南地区均有分布。

【形态特征】高达 20 m。树皮条状剥落。小叶数为 7 ~ 11，卵状长椭圆形至长圆形，端钝而微凹。花序顶生或在小枝上部腋生，黄白色，花期 7—10 月。

【习性与栽培】喜光。耐干旱、瘠薄。在酸性、中性及石灰质土上均能生长。一般用播种方法繁殖。

【园林用途】荒山荒地绿化的先锋树种。

（16）国槐（*Sophora japonica*）（见图 1—61）

【科属】豆科，槐属。

【别名】槐。

【原产地及分布】原产于我国北部。

【形态特征】高达 25 m。树皮灰褐色，浅裂。奇数羽状复叶，互生；小叶数为 7 ~ 17，对生或近对生，卵状椭圆形，全缘。花黄白色，圆锥花序顶生，花期 7—8 月。荚果中间缢缩成念珠状。

【习性与栽培】喜光，耐旱。适生于肥沃、湿润且排水良好的土壤，在石灰性及轻盐碱土上也能正常生长。一般用播种方法繁殖。

【园林用途】树冠宽广，枝叶茂密，寿命长，为良好的庭阴树及行道树种。

图 1—61　国槐

（17）香椿（*Toona sinensis*）（见图 1—62）

【科属】楝科，香椿属。

【别名】香椿芽、香椿头。

【原产地及分布】原产于我国中部。

图 1—62　香椿

【形态特征】树皮暗褐色，条片状剥落。叶痕大，扁圆形，内有五维管束痕。偶数羽状复叶，有香气，小叶数为 10 ~ 20，长椭圆形至广披针形，基部不对称，全缘或具不明显钝锯齿。花白色，有香气，花期 5—6 月。

【习性与栽培】喜光，不耐阴。适生于深厚、肥沃、湿润的沙质壤土。较耐水湿，有一定的耐寒力。繁殖主要用播种方法，分蘖、扦插、埋根也可。

【园林用途】枝叶茂密，树冠庞大，嫩叶红艳，是良好的庭阴树及行道树。

（18）重阳木（*Bischofia polycarpa*）（见图 1—63）

【科属】大戟科，重阳木属。

图 1—63　重阳木

【别名】乌杨、茄冬树、红桐。

【原产地及分布】原产于我国秦岭、淮河流域以南至两广北部。

【形态特征】树皮褐色，纵裂。三出复叶互生，小叶卵形至椭圆状卵形，缘有细钝齿。总状花序，绿色，花期 4—5 月。红褐色浆果球形，9—11 月成熟。

【习性与栽培】喜光，稍耐阴。喜温暖的气候，耐寒力弱。在湿润、肥沃的土壤中生长最好。能耐水湿，抗风力强，对 SO_2 有一定抗性。繁殖多用播种法。

【园林用途】枝叶茂密，早春嫩叶鲜绿光亮，入秋叶色转红。宜作庭阴树及行道树，也可作堤岸绿化树种。

（19）油桐（*Vernicia fordii*）（见图 1—64）

【科属】大戟科，油桐属。

【别名】油桐树、桐油树、桐子树、光桐。

【原产地及分布】原产于四川、贵州、湖南、湖北等地。

【形态特征】高 3 ~ 8 m。叶互生、卵形，全缘或三浅裂。圆锥状聚伞花序顶生，花单性同株，先叶开放，花瓣白，有淡红色条纹，花期 4—5 月。核果球形，果期 7—10 月。

图 1—64　油桐

【习性与栽培】喜光。喜温暖，忌严寒。适宜在富含腐殖质、土层深厚、排水良好的中性至微酸性沙质壤土中生长。一般用播种方法繁殖。

【园林用途】花色粉红，可作为庭院植物使用。

（20）黄连木（*Pistacia chinesis*）（见图 1—65）

【科属】漆树科，黄连木属。

【别名】楷木、惜木、孔木、鸡冠果。

【原产地及分布】原产于我国，主要分布在黄河流域、两广及西南各省。

【形态特征】高达 30 m，胸径 2 m。树冠近圆球形。偶数羽状复叶；小叶数为 10 ~ 14，披针形或卵状披针形，基部偏斜，全缘。雌雄异株，圆锥花序，花期 3—4 月，先叶开放；雄花序淡绿色，雌花序紫红色。

图 1—65　黄连木

【习性与栽培】喜光，幼时稍耐阴。喜温暖，畏严寒。耐干旱、瘠薄，在肥沃、湿润且排水良好的石灰岩山地生长最好。一般用播种方法繁殖。

【园林用途】树冠开阔，叶繁茂而秀丽，入秋变鲜红色或橙红色，是良好的园林绿化树种。

（21）黄栌（*Cotinus coggygria*）（见图 1—66）

图 1—66　黄栌

【科属】漆树科，黄栌属。

【别名】黄道栌。

【原产地及分布】原产于我国西南、华北和浙江地区。

【形态特征】落叶灌木或小乔木。高达 5 ~ 8 m。树冠圆形。单叶互生，倒卵形，全缘。花小，杂性，黄绿色，成顶生圆锥花序，花期 4—5 月。

【习性与栽培】喜光，也耐半阴。耐寒，耐干旱、瘠薄，但不耐水湿。在深厚、肥沃且排水良好的沙质壤土上生长最好。繁殖以播种为主，也可压条、根插。

【园林用途】宜丛植于草坪、土丘或山坡，也可混植于其他树群中。

（22）丝棉木（*Euonymus bungeanus*）（见图1—67）

图1—67　丝棉木

【科属】卫矛科，卫矛属。

【别名】白杜、明开夜合。

【原产地及分布】原产于我国的北部、中部地区。

【形态特征】树冠圆形或卵圆形。叶对生，卵形至卵状椭圆形，缘有细锯齿。花淡绿色，3～7朵成聚伞花序，花期5月。蒴果粉红色，10月成熟。

【习性与栽培】喜光，稍耐阴。耐寒。耐干旱，也耐水湿。以肥沃、湿润且排水良好的土壤生长最好。繁殖可用播种、分株及硬枝扦插等方法。

【园林用途】良好的园林绿化及观赏树种，适宜种植于林缘、草坪、路旁、湖边及溪畔，也可用作防护林及工厂绿化树种。

（23）鸡爪槭（*Acer palmatum*）（见图1—68）

【科属】槭树科，槭树属。

【别名】青枫。

【原产地及分布】原产于我国、日本和朝鲜。

【形态特征】树冠伞形。叶掌状5～9深裂，裂片卵状长椭圆形至披针形，缘有重锯齿。伞房花序顶生，紫色，花期5月。翅果，10月成熟。

【习性与栽培】弱阳性，耐半阴。夏季易遭日灼之害。喜温暖、湿润气候及肥沃、湿润且排水良好的土壤。耐寒性不强。在酸性、中性及石灰质土上均能生长。一般用播种法繁殖。

【园林用途】植于草坪、土丘、溪边、池畔，或于墙隅、亭廊、山石间点缀。

图1—68　鸡爪槭

（24）七叶树（*Aesculus chinensis*）（见图 1—69）

【科属】七叶树科，七叶树属。

【别名】梭椤树。

【原产地及分布】在我国黄河流域及东部各地均有栽培。

【形态特征】树皮灰褐色，片状剥落。小叶数为 5 ~ 7，倒卵状长椭圆形至长椭圆状倒披针形，缘具细锯齿。

【习性与栽培】喜光，稍耐阴。喜温暖气候，也能耐寒。喜深厚、肥沃、湿润且排水良好的土壤。繁殖主要采用播种、扦插、高压等方法。

图 1—69　七叶树

【园林用途】世界著名的行道树种之一，最宜栽作庭阴树及行道树用。

（25）枣树（*Zizyphus jujuba*）（见图 1—70）

图 1—70　枣树

【科属】鼠李科，枣树属。

【原产地及分布】分布很广，在我国、伊朗、中亚地区、蒙古、日本均有栽培。

【形态特征】高 10 m。长枝呈“之”字形，红褐色，有托叶刺；短枝在二年生以上的长枝上互生。叶卵形至卵状长椭圆形，缘有细锯齿，基部三出脉。花小，黄绿色，花期 5—6 月。核果卵形至矩圆形，熟后暗红色，8—9 月成熟。

【习性与栽培】阳性。喜干冷气候及中性或微碱性的沙壤土。耐干旱、瘠薄。主要用根蘖或根插方法繁殖，也可嫁接。

【园林用途】可栽作庭阴树及园路树。

（26）梧桐（*Firmiana simplex*）（见图 1—71）

图 1—71　梧桐

【科属】梧桐科，梧桐属。

【别名】青桐。

【原产地及分布】原产于我国及日本。

【形态特征】树冠卵圆形。树皮灰绿色，通常不裂。叶 3 ~ 5 掌状裂，裂片全缘；叶柄约与叶片等长。

【习性与栽培】喜光，喜温暖湿润气候，耐寒性不强；喜肥沃、湿润、深厚且排水良好的土壤。通常用播种法繁殖，也可采用扦插、分根。

【园林用途】适于草坪、庭院、宅前、坡地、湖畔孤植或丛植，也可栽作行道树及居民区、工厂区绿化树种。

（27）喜树（*Camptotheca acuminata*）（见图 1—72）

【科属】珙桐科，喜树属。

【别名】旱莲、千丈树。

【原产地及分布】主要分布于我国长江以南各地。

【形态特征】单叶互生，椭圆形至长卵形，全缘。花单性同株，头状花序，花期 7 月。坚果香蕉形，集生成球形，10—11 月成熟。

【习性与栽培】喜光，稍耐阴。喜温暖、湿润气候，不耐寒。喜深厚、肥沃、湿润的土壤，较耐水湿，不耐干旱、瘠薄。一般采用播种方法繁殖。

图 1—72　喜树

【园林用途】良好的四旁绿化树种。

（28）刺楸（*Kalopanax septemlobus*）（见图 1—73）

【科属】五加科，刺楸属。

【别名】钉木树、丁桐皮。

图 1—73　刺楸

【原产地及分布】在我国东北、华北、长江流域、华南、西南均有分布。

【形态特征】高达 30 m。树皮深纵裂。枝具粗皮刺。叶掌状 5 裂，裂片三角状卵形或卵状椭圆形，缘有齿。

【习性与栽培】喜光。喜土层深厚、湿润的酸性土或中性土。繁殖可用播种及根插方法。

【园林用途】可在园林中作孤树及庭阴树栽培。

（29）灯台树（*Cornus controversa*）（见图 1—74）

图 1—74　灯台树

【科属】山茱萸科，梾木属。

【别名】瑞木。

【原产地及分布】原产于我国长江流域及西南各省。

【形态特征】高 15 ~ 20 m。叶互生，常集生枝梢，卵状椭圆形至广椭圆形。伞房状聚伞花序顶生，花小，白色，花期 5—6 月。

【习性与栽培】喜光，稍耐阴。喜温暖、湿润气候，有一定耐寒性。喜肥沃、湿润且排水良好的土壤。繁殖多用播种法，也可扦插。

【园林用途】宜孤植于庭院草坪观赏，也可作为庭阴树及行道树。

（30）柿树（*Diospyros kak*）（见图 1—75）

【科属】柿科，柿属。

【别名】朱果、猴枣。

【原产地及分布】原产于我国。

【形态特征】高达 15 m。叶椭圆形、阔椭圆形或倒卵形。雌雄异株或同株，花期 5—6 月。浆果卵圆形或扁球形，橙黄色或鲜黄色，9—10 月成熟。

图 1—75　柿树

【习性与栽培】喜阳，也耐阴。喜温暖、湿润气候，也耐干旱。用嫁接法繁殖。

【园林用途】柿叶在秋季变红色，是良好的庭阴树。

（31）丁香（*Syinga oblata*）（见图 1—76）

图 1—76　丁香

【科属】木犀科，丁香属。

【别名】华北紫丁香。

【原产地及分布】原产于印度尼西亚、桑给巴尔、马达加斯加岛、印度、巴基斯坦和斯里兰卡等地。

【形态特征】单对叶生，宽卵形，全缘。花冠堇紫色，花筒细长，成密集圆锥花序，4—5 月开花。

【习性与栽培】喜光，稍耐阴。耐寒，耐旱，忌湿。用播种、扦插、嫁接、压条和分株等方法繁殖。

【园林用途】可丛植于路边、草坪、向阳坡地，或与其他花木搭配栽于林缘。

（32）白蜡（*Fraxinus chinensis*）（见图 1—77）

【科属】木犀科，白蜡属。

【别名】梣、青榔木、白荆树。

【原产地及分布】北自我国东北中南部，南至黄河流域、长江流域均有分布。朝鲜、越南也有分布。

【形态特征】树冠卵圆形。树皮黄褐色。小叶数为5～9枚，卵圆形或卵状椭圆形，基部不对称，缘有齿及波状齿。

【习性与栽培】喜光，稍耐阴。喜温暖、湿润气候，耐寒。喜湿耐涝，也耐干旱。对土壤要求不严格，碱性、中性、酸性土壤上均能生长。繁殖可用播种或扦插方法。

图1—77　白蜡

【园林用途】是优良的行道树和遮阴树。

（33）梓树（*Catalpa ovata*）（见图1—78）

图1—78　梓树

【科属】紫葳科，梓树属。

【别名】梓。

【原产地及分布】以黄河中下游地区为分布中心。

【形态特征】树皮纵裂。叶广卵形或近圆形，通常为3～5裂，有毛，背面基部脉腋有紫斑。圆锥花序顶生，淡黄色，花期5月。蒴果细长如筷。

【习性与栽培】喜光，稍耐阴。耐寒。喜深厚、肥沃、湿润土壤。不耐干旱、瘠薄。以播种繁殖为主，也可用扦插和分蘖。

【园林用途】可作行道树、庭阴树及宅旁绿化材料。

（34）楸树（*Catalpa bungei*）（见图1—79）

【科属】紫葳科，梓树属。

【别名】梓桐。

【原产地及分布】原产于我国黄河流域和长江流域。

图 1—79 楸树

【形态特征】高达 30 m，胸径 60 cm。树冠狭长倒卵形。叶三角状的卵形。总状花序伞房排列，顶生，粉紫色，内有紫红色斑点，花期 4—5 月。

【习性与栽培】喜光。较耐寒。喜深厚、肥沃、湿润的土壤。不耐干旱、积水。可采用播种和嫁接方法繁殖。

【园林用途】树姿俊秀，高大挺拔，可作为园林庭阴树或观赏树种植。

（35）厚壳树（*Ehretia thyrsiflora*）（见图 1—80）

【科属】紫草科，厚壳树属。

【别名】梭椤树。

【原产地及分布】原产于我国。

【形态特征】高达 15 m。有明显的皮孔。单叶互生，叶厚纸质，长椭圆形，缘具浅细尖锯齿。圆锥花序顶生或腋生，白色，花期 4 月。核果，近球形，橘红色，熟后黑褐色，果熟期 7 月。

图 1—80 厚壳树

【习性与栽培】喜光，稍耐阴。喜温暖、湿润的气候和深厚、肥沃的土壤。耐寒冷，一般采用播种和分蘖繁殖。

【园林用途】枝叶繁茂，叶片绿薄，春季白花满枝，秋季红果遍树，为优良的园林绿化树种。

（36）四照花（*Cornus japonicavar*）（见图 1—81）

【科属】山茱萸科，四照花属。

【别名】山荔枝。

【原产地及分布】原产于我国长江流域及河南、陕西、甘肃等地。

【形态特征】高达 9 m。叶对生，卵状椭圆形或卵形。头状花序，花期5—6月。核果聚为球形的聚合果，成熟后变紫红色，9—10 月成熟。

【习性与栽培】喜光，稍耐阴。喜温暖、湿润气候，有一定耐寒力。喜温润、排水良好的沙质土壤。常用分蘖及扦插方法繁殖，也可用播种繁殖。

图 1—81　四照花

【园林用途】美丽的庭园观花树种，配植时可用常绿树为背景而丛植于草坪、路边、林缘、池畔。

（37）柽柳（*Tamarix chinensis*）（见图 1—82）

图 1—82　柽柳

【科属】柽柳科，柽柳属。

【别名】垂丝柳、西河柳。

【原产地及分布】原产于我国。

【形态特征】高 5 ~ 7 m。树皮红褐色；枝细长而常下垂，带紫色。叶卵状披针形。总状花序侧生于上年生枝上者春季开花，总状花序集成顶生大圆锥花序者夏、秋开花；花粉红色。

【习性与栽培】喜光，耐寒、耐热、耐烈日暴晒。既耐干旱又耐水湿。可用播种、扦插、分株、压条等方法繁殖。

【园林用途】优秀的防风固沙植物，也是良好的改良盐碱土树种，也可植于水边供观赏。

二、常见灌木类植物识别

1. 常见常绿灌木识别

（1）阔叶十大功劳（*Mahonia beaill*）（见图 1—83）

图 1—83 阔叶十大功劳

【科属】小檗科，十大功劳属。

【别名】十大功劳。

【原产地及分布】原产于我国陕西、河南、安徽、浙江、江西、福建、湖北、四川、贵州、广东等地。

【形态特征】高达 2 m。叶互生，一回羽状复叶，小叶数为 3 ~ 9，革质，披针形，边缘有 6 ~ 13 刺状锐齿。总状花序直立，黄色，花期 7—10 月。浆果圆形或长圆形，蓝黑色，有白粉。

【习性与栽培】耐阴。喜温暖气候。可用播种、枝插、根插及分株等法繁殖。

【园林用途】常植于庭院、林缘及草地边缘，或作绿篱及基础种植。

（2）雀舌黄杨（*Buxus bodinieri*）（见图 1—84）

【科属】黄杨科，黄杨属。

【别名】细叶黄杨。

【原产地及分布】原产于华南。

【形态特征】高通常不及 1 m。叶倒披针形或倒卵状长椭圆形，革质。花小，黄绿色，花期 4 月。蒴果卵圆形，熟时紫黄色，7 月成熟。

【习性与栽培】喜光，也耐阴。喜温暖、湿润的气候。耐寒性不强。繁殖以扦插为主，也可压条和播种。

【园林用途】植株低矮，枝叶茂密，且耐修剪，是优良的矮绿篱材料，最适宜布置模纹图案及花坛边缘。

图 1—84 雀舌黄杨

（3）山茶（*Camellia japonica*）（见图 1—85）

【科属】茶科，山茶属。

【别名】曼陀罗树、川茶花。

【原产地及分布】原产于我国。

【形态特征】常绿灌木或小乔木。株高 1 ~ 5 m。叶互生，革质，卵圆形至椭圆形，边缘有锯齿。花近无梗，有红、白等色，花期 11 月至次年 4 月。

【习性与栽培】喜半阴。喜温暖、湿润的气候，畏酷暑。要求土壤 pH 值为 5 ~ 6.5。可进行扦插、播种和高空压条法繁殖。

【园林用途】可在庭院进行孤植或群植，也可盆栽观赏。

图 1—85 山茶

（4）金丝梅（*Hypericum patulum*）（见图 1—86）

图 1—86 金丝梅

【科属】藤黄科，金丝桃属。

【原产地及分布】主要分布于我国中南部地区。

【形态特征】半常绿或常绿灌木。小枝拱曲。叶卵状长椭圆形或宽披针形，表面绿色，背面淡粉绿色，散布油点。花金黄色，花期 4—8 月。

【习性与栽培】喜光。有一定的耐寒能力。喜湿润土壤，但不可积水，在轻壤土上生长良好。多用分株法繁殖，播种、扦插也可。

【园林用途】可植于庭院内、假山旁及路边、草坪等处。

（5）胡颓子（*Elaeagnus pungens*）（见图 1—87）

图 1—87　胡颓子

【科属】胡颓子科，胡颓子属。

【别名】蒲颓子、半含春、卢都子。

【原产地及分布】分布于我国长江以南各地。日本也有分布。

【形态特征】叶革质，椭圆形或长圆形，缘微波状，叶背银白色。花白色，下垂，芳香，花期 11 月。蒴果椭圆形，次年 5 月成熟，熟时红色。

【习性与栽培】喜光，耐半阴。喜温暖气候，不耐寒。对土壤适应性强。耐干旱又耐水湿。可用播种或扦插方法繁殖。

【园林用途】可植于庭园观赏或修作绿篱球应用。

（6）红千层（*Callistemon rigidus*）（见图 1—88）

图 1—88　红千层

【科属】桃金娘科，红千层属。

【别名】瓶刷木、金宝树。

【原产地及分布】原产于大洋洲。

【形态特征】高 2 ~ 4 m。叶互生，条形，有透明腺点。穗状花序长约 10 cm，似瓶刷状；花红色、无梗；雄蕊多数，红色，长 2. 5 cm。

【习性与栽培】喜暖热气候，能耐烈日酷暑，不耐寒、不耐阴，喜肥沃、潮湿的酸性土壤，也能耐瘠薄、干旱的土壤。可用播种或扦插方法繁殖。

【园林用途】可丛植庭院或作瓶花观赏。

（7）熊掌木（*Fatshedera lizei*）（见图 1—89）

【科属】五加科，熊掌木属。

图 1—89 熊掌木

【原产地及分布】由八角金盘（*Fatsia japomica*）与常春藤（*Hedera helix*）杂交而成。

【形态特征】高可达 1 m 以上。初生时茎呈草质，后渐转木质化。单叶互生，掌状五裂，全缘。

【习性与栽培】喜半阴环境。喜温暖和冷凉环境。喜较高的空气湿度。一般采用扦插方法繁殖。

【园林用途】四季青翠碧绿，又具有极强的耐阴能力，适宜在林下群植。

（8）小蜡（*Ligustrum sinense*）（见图 1—90）

【科属】木犀科，女贞属。

【别名】山紫甲树、水黄杨。

【原产地及分布】分布于我国长江以南各地。

【形态特征】半常绿灌木或小乔木。高 2 ~ 7 m。叶薄革质，椭圆形。圆锥花序，白色，芳香，花期 4 ~ 5 月。

图 1—90 小蜡

【习性与栽培】喜光，稍耐阴。较耐寒。耐修剪。一般用播种或扦插方法繁殖。

【园林用途】常植于庭园观赏，丛植林缘、池边、石旁均可；规则式园林中常可修剪成长形、方形、圆形等几何形体。

（9）郁香忍冬（*Lonicera fragrantissima*）（见图 1—91）

【科属】忍冬科，忍冬属。

图 1—91　郁香忍冬

【别名】香吉利子、羊奶子。

【原产地及分布】原产于我国长江流域。

【形态特征】半常绿灌木。高达 2 m。叶卵状椭圆形至卵状披针形，两面及边缘有硬毛。花成对腋生，花冠唇形，粉红色或白色，芳香，花期 3—4 月，先叶开放。浆果红色，5—6 月成熟。

【习性与栽培】喜光，也耐阴。喜肥沃、湿润土壤。耐寒，忌涝。一般可用播种或扦插方法繁殖。

【园林用途】适宜庭院、草坪边缘、园路旁、转角一隅、假山前后及亭子附近栽植。

（10）六月雪（*Serissa foetida*）（见图 1—92）

图 1—92　六月雪

【科属】茜草科，六月雪属。

【别名】满天星、白马骨。

【原产地及分布】原产于我国东南部和中部各地。

【形态特征】常绿或半常绿矮小灌木。株高不及 1 m。单叶对生或簇生于短枝，长椭圆形，全缘。花单生或数朵簇生；花冠白色或淡粉紫色，花期 5—6 月。

【习性与栽培】喜阴湿、温暖的环境，对土壤要求不严格，喜肥。可用扦插、分株方法繁殖。

【园林用途】适宜作花坛境界、花篱，也可在庭园路边或交错栽植在山石、岩际，还是制作盆景的上好材料。

（11）桃叶珊瑚（*Aucuba japonica*）（见图 1—93）

【科属】山茱萸科，桃叶珊瑚属。

【别名】青木、东瀛珊瑚。

【原产地及分布】原产于日本与我国台湾。

【形态特征】株高达 5 m。小枝绿色。叶革质，椭圆状卵形至椭圆状披针形，叶缘疏生粗齿。

【习性与栽培】喜温暖、湿润气候，能耐半阴。可用播种或扦插繁殖。

【园林用途】宜作林下配植用，也可盆栽供室内布置厅堂、会场用。

图 1—93　桃叶珊瑚

（12）菲白竹（*Pleioblastus angustifolius*）（见图 1—94）

【科属】禾本科，赤竹属。

【原产地及分布】原产于日本。

【形态特征】低矮竹类，秆每节具二至数分枝或下部为一分枝。叶片狭披针形，绿色底上有黄白色纵条纹，边缘有纤毛。笋期 4—5 月。

【习性与栽培】喜温暖、湿润气候，耐阴性较强。可用播种、分株方法繁殖。

图 1—94　菲白竹

【园林用途】植株低矮，叶片秀美，常植于庭园观赏，栽作地被、绿篱或与假山石相配也都很合适，还是盆栽或盆景中配植的好材料。

（13）阔叶箬竹（*Indocalamus latifolius*）（见图 1—95）

【科属】禾本科，箬竹属。

【原产地及分布】原产于我国华东、华中等地。

图 1—95　阔叶箬竹

【形态特征】株高约 1 m。秆箨宿存，质坚硬，背部有紫棕色小刺毛。小枝具叶数为1～3 片，长椭圆形，背面灰白色。

【习性与栽培】较耐寒，喜湿、耐旱，对土壤要求不严格。喜光，耐半阴。繁殖可用播种、分株、埋鞭等方法。

【园林用途】在园林中栽植观赏或作地被绿化，也可植于河边护岸。

（14）棕竹（*Rhapis excelsa*）（见图 1—96）

【科属】棕榈科，棕竹属。

【别名】观音竹、筋头竹。

【原产地及分布】原产于我国广东、广西、海南、云南、贵州等地。

【形态特征】茎圆柱形，上部具褐色粗纤维质叶鞘。5～10 深裂至距叶基部 2～5 cm 处，裂片线状披针形，顶端阔，有不规则齿缺。肉穗花序，花期夏季。

【习性与栽培】喜温暖、阴湿及通风良好的环境。宜排水良好、富含腐殖质的沙壤土，萌蘖力强。繁殖可采用播种、分株方法。

【园林用途】优良、富有热带风光的观赏植物。常植于建筑的庭院及小天井中，栽于建筑角隅可缓和建筑生硬的线条。盆栽或桶栽供室内布置。

图 1—96　棕竹

（15）丝兰（*Yucca smalliana*）（见图 1—97）

【科属】百合科，丝兰属。

【别名】软叶丝兰、毛边丝兰。

【原产地及分布】原产于北美洲。

【形态特征】植株低矮，近无茎。叶丛生，硬直，线状披针形，长 30～75 cm，先端尖成针刺状，边缘有卷曲白丝。夏秋间开花，花轴发自叶丛间，直立，高 1～1.5 m，圆锥花序，花白色、下垂。

图 1—97　丝兰

【习性与栽培】喜阳光充足及通风良好的环境，对土壤适应性很强。耐寒冷。可用扦插或分株繁殖。

【园林用途】良好的庭园观赏树木，也是良好的鲜切花材料。常植于花坛中央、建筑前、草坪中、池畔、台坡、建筑或道路旁，也常作绿篱栽植。

（16）小叶女贞（*Ligustrum quihoui*）（见图 1—98）

【科属】木犀科，女贞属。

【别名】小叶冬青。

【原产地及分布】原产于我国中部、东部和西南部。

【形态特征】半常绿灌木，高 2～3 m。叶薄革质，椭圆形至倒卵状长圆形，全缘。圆锥花序，白色，芳香，花期 7—8 月。

【习性与栽培】喜光，稍耐阴。较耐寒，萌枝力强。可用播种、扦插方法繁殖。

【园林用途】枝叶紧密、圆整，庭园中常整形成绿篱或球类。

图 1—98　小叶女贞

2. 常见落叶灌木识别

（1）木兰（*Magnolia liliflora*）（见图 1—99）

图 1—99　木兰

【科属】木兰科，木兰属。

【别名】紫玉兰、辛夷。

【原产地及分布】原产于我国中部。

【形态特征】高 3 ~ 5 m。叶椭圆形或倒卵状长椭圆形。花大，花瓣外面紫色，内面近白色，花期 3—4 月，叶前开放。

【习性与栽培】喜光，不耐严寒。喜肥沃、湿润、排水良好的土壤，怕积水。繁殖通常用分株、压条方法。

【园林用途】庭院珍贵花木之一。宜配植于庭院室前或丛植于草地边缘。

（2）溲疏（*Deutzia scabra*）（见图 1—100）

【科属】虎耳草科，溲疏属。

【别名】空疏、巨骨、空木。

【原产地及分布】原产于我国长江流域。日本也有分布。

【形态特征】高达 2. 5 m。树皮薄片状剥落。小枝红褐色。叶长卵状椭圆形。花白色或外面略带粉红色，花期 5—6 月。

【习性与栽培】喜光，稍耐阴。喜温暖气候，有一定的耐寒力。喜富含腐殖质的微酸性和中性土壤。可用扦插、播种、压条、分株等方法繁殖。

图 1—100　溲疏

【园林用途】宜丛植于草坪、林缘及山坡，也可作花篱及岩石园种植材料。

（3）平枝栒子（*Cotoneaster horizontalis*）（见图 1—101）

【科属】蔷薇科，栒子属。

【别名】铺地蜈蚣。

【原产地及分布】原产于我国陕西、甘肃、湖北、湖南、四川、贵州、云南等地。

【形态特征】落叶或半常绿匍匐灌木。枝水平开张成整齐两列，宛如蜈蚣。叶近圆形至倒卵形。花粉红，花期5—6月。果近球形，鲜红色，9—10月成熟。

【习性与栽培】喜光，也稍耐阴。喜湿润和半阴的环境。能耐瘠薄、干旱的土壤。较耐寒，但不耐涝。繁殖以扦插及播种为主，也可秋季压条。

【园林用途】最宜作基础种植材料，也可植于斜坡及岩石园中。

图1—101 平枝栒子

（4）贴梗海棠（*Chaenomeles speciosa*）（见图1—102）

图1—102 贴梗海棠

【科属】蔷薇科，木瓜属。

【别名】铁角海棠、贴梗木瓜、皱皮木瓜。

【原产地及分布】原产于我国、缅甸。

【形态特征】高达2 m。枝有刺。叶卵形至椭圆形，缘有尖锐锯齿；托叶大，肾形或半圆形，缘有尖锐重锯齿。花3～5朵簇生于两年生老枝上，朱红、粉红或白色，花期3—4月，先叶开放。

【习性与栽培】喜光。有一定耐寒能力。喜排水良好的肥沃壤土。主要用分株、扦插和压条方法繁殖。

【园林用途】宜于草坪、庭院或花坛内丛植或孤植，也可作为绿篱及基础种植材料，同时还是盆栽和切花的好材料。

（5）郁李（*Prunus japoniuc*）（见图1—103）

【科属】蔷薇科，梅属。

【别名】爵梅、秧李。

图 1—103　郁李

【原产地及分布】原产于我国华北、华中至华南地区，日本、朝鲜也有分布。

【形态特征】高达 1.5 m。叶卵形至卵状椭圆形，缘有锐重锯齿。花粉红或近白色，花期 5 月，与叶同放。

【习性与栽培】喜光、耐寒、耐干旱。通常用分株或播种方法繁殖。

【园林用途】宜丛植于草坪、山石旁、林缘、建筑物前，或点缀于庭院路边，或与棣棠、迎春等其他花木配植，也可作花篱栽植。

（6）粉花绣线菊（*Spriaea japonica*）（见图 1—104）

【科属】蔷薇科，绣线菊属。

【别名】日本绣线菊。

【原产地及分布】原产于日本。

【形态特征】高可达 1.5 m。叶卵形至卵状长椭圆形，缘有缺刻状重锯齿。花淡粉红色或深粉红色，聚生成复伞房花序，花期 6—7 月。

【习性与栽培】喜光，略耐阴。抗寒、耐旱。可采用压条、分株、播种繁殖。

【园林用途】可在花坛、花境、草坪及园路角隅等处构成夏景。

图 1—104　粉花绣线菊

（7）木芙蓉（*Hibiscus mutabilis*）（见图 1—105）

【科属】锦葵科，木槿属。

【别名】芙蓉花。

【原产地及分布】原产于我国。

【形态特征】落叶灌木或小乔木。高 2 ~ 5 m。单叶，互生，掌状裂。茎具星状毛或短柔毛。花大，单生枝端叶腋，淡红色，花期 9—10 月。

【习性与栽培】喜光，稍耐阴。喜肥沃、湿润、排水良好的中性或微酸性沙质壤土。喜温暖气候，不耐寒。常用扦插和压条方法繁殖，也可分株和播种。

【园林用途】秋季开花，花大而美丽，是一种良好的观花树种。由于性喜近水，种在池旁水畔最为适宜。

图 1—105　木芙蓉

（8）卫矛（*Euonymus alatus*）（见图 1—106）

【科属】卫矛科，卫矛属。

【别名】鬼箭羽。

【原产地及分布】原产于我国、朝鲜、日本。

【形态特征】高达 3 m。小枝具 2 ~4 条木栓质阔翅。叶对生，倒卵状长椭圆形，缘具细锯齿。花黄绿色，常三朵成聚伞花序，花期 5—6 月。蒴果，棕紫色，9—10 月成熟。

图 1—106　卫矛

【习性与栽培】喜光，也稍耐阴。能耐干旱、瘠薄和寒冷。在中性、酸性及石灰性土上均能生长。繁殖以播种为主，也可扦插、分株。

【园林用途】在园林中孤植或丛植于草坪、斜坡、水边，或于山石间、亭廊边配植均甚合适，同时也是绿篱、盆栽及制作盆景的好材料。

（9）迎春（*Jassminum nudiflorum*）（见图 1—107）

图 1—107　迎春

【科属】木犀科，茉莉属。

【别名】金腰带。

【原产地及分布】原产于我国北部、西北、西南各地。

【形态特征】高 0.4～5 m。枝细长拱形，绿色，有四棱。叶对生，小叶三枚，卵形至长圆状卵形。花单生，先叶开放，黄色，花期 2—4 月。

【习性与栽培】喜光，稍耐阴。较耐寒。喜湿润，也耐干旱，怕涝。对土壤要求不严格，耐碱。繁殖多用扦插、压条、分株方法。

【园林用途】可作花篱密植，或作开花地被，或植于岩石园内。

（10）连翘（*Forsythia suspensa*）（见图 1—108）

【科属】木犀科，连翘属。

【别名】一串金。

【原产地及分布】分布于我国山西、河南、陕西、辽宁、河北、甘肃、江苏、山东、湖北、江西、云南等地。

图 1—108　连翘

【形态特征】高 3 m。枝细长并开展呈拱形，节间中空，皮孔多而显著。单叶或有时三出复叶，对生，叶片卵形或卵状椭圆形，缘有锯齿。花单生或数朵生于叶腋，花冠黄色，花期 3—4 月，叶前开放。

【习性与栽培】喜光，能耐阴。耐寒。耐干旱、瘠薄，怕涝。对土壤要求不严格。可用扦插、播种、分株法繁殖。

【园林用途】宜丛植于草坪、角隅、岩石假山下、路缘、转角处、阶前、篱下，也可作基础种植，或作花篱用。

（11）醉鱼草（*Buddlegja lindleyana*）（见图 1—109）

【科属】马钱科，醉鱼草属。

【别名】闹鱼花。

【原产地及分布】原产于我国长江以南地区。

【形态特征】高 2 m。小枝具四棱而稍有翅。单叶对生，卵形至卵状披针形，全缘或疏生波状牙齿。花序穗状，顶生，紫色或白色，花期 6—8 月。

【习性与栽培】喜温暖、湿润的气候及肥沃、排水良好的土壤。不耐水湿。繁殖常用分蘖、压条、扦插、播种方法。

【园林用途】常栽培于庭园中观赏，可在路旁、墙隅及草坪边缘等处丛植。

图 1—109　醉鱼草

（12）海州常山（*Clerodendrum trichotomum*）（见图 1—110）

【科属】马鞭草科，赪桐属。

【别名】臭梧桐。

图 1—110　海州常山

【原产地及分布】原产于我国、朝鲜、日本、菲律宾等地。

【形态特征】落叶灌木或小乔木。高达 8 m。单叶对生，阔卵形至三角状卵形，全缘或有波状齿。伞房状聚伞花序顶生或腋生，白色或带粉红色，花期 6—11 月。

【习性与栽培】喜光、稍耐阴。喜湿润、肥沃的壤土。较耐旱，耐寒。忌低洼积水，耐盐碱性较强。以播种、扦插、分株等方法繁殖。

【园林用途】优良的秋季观花、观果树种，宜配置于庭院、山坡、水边、堤岸、悬崖、石隙及林下。

（13）黄荆（*Vitex negundo*）（见图 1—111）

图 1—111　黄荆

【科属】马鞭草科，牡荆属。

【别名】五指枫。

【原产地及分布】原产于我国长江以南地区。

【形态特征】灌木或小乔木。高可达 5 m。小枝四棱形，密生灰白色绒毛。掌状复叶，小叶五枚，卵状长椭圆形至披针形，全缘或疏生浅齿，背面密生灰白色细绒毛。圆锥状聚伞花序顶生，花冠淡紫色，花期 4—6 月。

【习性与栽培】喜光。耐干旱、瘠薄土壤。播种、分株繁殖均可。

【园林用途】常植于园林绿地山坡、路旁，也是树桩盆景的优良材料。

（14）木本绣球（*Viburnum macrocephalum*）（见图 1—112）

图 1—112　木本绣球

【科属】忍冬科，忍冬属。

【别名】大绣球、斗球。

【原产地及分布】原产于我国长江流域。

【形态特征】树冠呈球形。叶卵形或椭圆形，边缘有细齿。大型聚伞花序呈球形，白色，花期 4—6 月。

【习性与栽培】喜光，略耐阴。耐寒。喜向阳、排水较好的中性土。常用扦插、压条、分株方法繁殖。

【园林用途】最宜孤植或群植于草坪及空旷地。

三、常见藤本类植物识别

1. 金银花（*Lonicera japonica*）（见图 1—113）

【科属】忍冬科，忍冬属。

【别名】忍冬、金银藤。

【原产地及分布】原产于东亚地区。

【形态特征】半常绿缠绕藤木。茎长达 9 m。枝细长中空，皮条状剥落。单叶对生，叶卵形或椭圆状卵形，全缘。花成对腋生，初开为白色略带紫晕，后转黄色，芳香，花期 5—7 月。

图 1—113　金银花

【习性与栽培】喜光，也耐阴。耐寒、耐旱及水湿。对土壤要求不严格。繁殖采用播种、扦插、压条、分株等方法。

【园林用途】色香具备的藤本植物，可缠绕篱垣、花架、花廊等作垂直绿化，或附在山石上、植于沟边、爬于山坡等处用作地被。

2. 葡萄（*Vitis vinifera*）（见图 1—114）

图 1—114　葡萄

【科属】葡萄科，葡萄属。

【别名】蒲桃。

【原产地及分布】原产于亚洲西部地区。

【形态特征】落叶藤木。茎长达 30 m。卷须与叶对生。叶互生，近圆形，3 ~ 5 掌状裂，基部心形，缘具粗齿。花小，黄绿色；圆锥花序大而长，花期 5—6 月。

【习性与栽培】喜干燥及夏季高温的气候。耐干旱，怕涝。要求土层深厚、排水良好且湿度适中的微酸性至微碱性沙质壤土。繁殖可采用扦插、压条、嫁接或播种等方法。

【园林用途】很好的园林棚架植物，既可观赏，又可遮阴。

3. 五叶地锦（*Parthenocissus quinquefolia*）（见图 1—115）

图 1—115　五叶地锦

【科属】葡萄科，爬山虎属。

【别名】美国地锦、美国爬山虎。

【原产地及分布】原产于美国东部。

【形态特征】落叶藤木。幼枝带紫红色。卷须与叶对生，顶端吸盘大。掌状复叶，小叶五枚，卵状长椭圆形至倒长卵形，缘具大齿。

【习性与栽培】喜温暖，有一定耐寒力。耐阴。攀缘能力较差。通常用扦插法繁殖，也可采用播种、压条方法繁殖。

【园林用途】常用作建筑墙面、山石及老树干等处垂直绿化，也可用作地面覆盖材料。

4. 凌霄（*Campsis grandiflora*）（见图 1—116）

【科属】紫葳科，凌霄属。

【别名】紫葳、女葳花。

【原产地及分布】原产于我国中东部地区和日本。

图 1—116　凌霄

【形态特征】落叶藤本。茎长达 10 m。奇数羽状复叶，对生，小叶数为 7 ~ 9 枚，卵形至卵状披针形。顶生聚伞状圆锥花序，花鲜红色或橘红色，花期 6—8 月。

【习性与栽培】喜光，稍耐阴。喜温暖、湿润的气候，耐寒性较差。耐旱，忌积水。喜微酸性、中性的土壤。繁殖可用播种、扦插、埋根、压条、分蘖等法。

【园林用途】理想的垂直绿化材料。主要用于花架、棚架装饰，或攀缘墙垣、点缀于假山间隙。

学习单元 2　常见园林花卉识别

学习目标

→了解常见园林花卉的习性和园林用途

→掌握常见园林花卉的形态特征

→能够识别常见园林花卉

知识要求

一、常见露地花卉识别

1. 常见花坛花卉识别

（1）雁来红（*Amaranthus tricolor* var. *splendens*）（见图 1—117）

【科属】苋科，苋属。

【别名】老少年、老来少。

【原产地及分布】原产于温暖地区。

【形态特征】一年生观叶花卉。株高 80 ~ 100 cm。茎直立，少分枝。叶互生，卵圆状披针形，暗紫色，秋季顶部叶变成鲜红色，观叶期 8—10 月。

图 1—117　雁来红

【习性与栽培】耐旱，耐碱。一般进行春播。栽培时肥不宜过多，以免徒长。

【园林用途】常进行散植布置，也可做切花，矮种常布置花坛和花境。

（2）天人菊（*Gaillardia pulchella*）（见图 1—118）

【科属】菊科，天人菊属。

图 1—118　天人菊

【别名】虎皮菊。

【原产地及分布】原产于北美地区。

【形态特征】多年生草本作一年生栽培。株高在 30 ~ 50 cm。叶互生，矩圆形、披针形至匙形，齿缘或缺刻。头状花序顶生，舌状花黄色，基部紫红色，先端三裂齿，管状花先端芒状裂，紫色，花期 7—10 月。

【习性与栽培】喜阳，也耐半阴。要求疏松、排水良好的土壤。能抗微霜，属夏秋花中凋谢最晚者。一般在春季进行播种繁殖。

【园林用途】布置花坛、花境，也可盆栽或做切花。

（3）波斯菊（*Cosmos bipinnatus*）（见图 1—119）

【科属】菊科，秋英属。

【别名】大波斯菊、秋英。

【原产地及分布】原产于北美地区及墨西哥。

【形态特征】一年生花卉。株高近 1 m。叶对生，二回羽状深裂，裂片线形。头状花序，花有粉红、紫红和白色，花期 6—10 月。

【习性与栽培】性强健，耐瘠薄，忌炎热，喜阳光。一般春季进行播种繁殖，也可在 7 ~ 8 月间进行扦插繁殖。

【园林用途】常作为花境植物使用，也可布置花坛或做切花。

图 1—119　波斯菊

（4）麦秆菊（*Helichysun bracteatum*）（见图 1—120）

【科属】菊科，腊菊属。

【别名】腊菊、干巴花。

【原产地及分布】原产于东半球温暖地区。

【形态特征】多年生草本作一二年生栽培。株高 40～80 cm。全株具微毛。叶互生，长椭圆状披针形，全缘。头状花序顶生，总苞片多层、膜质发亮，形如花瓣，有黄、红粉、白等色，花期 7—9 月。

【习性与栽培】忌酷热，盛暑时生长停止，开花少。在春季用播种方法繁殖。

【园林用途】苞片干燥、色彩鲜艳、经久不褪，非常适宜于切取做成“干花”，也常布置花坛、花境。

图 1—120　麦秆菊

（5）牵牛花（*Pharbitis nil*）（见图 1—121）

【科属】旋花科，牵牛花属。

【别名】大花牵牛、喇叭花。

【原产地及分布】原产于亚洲热带及亚热带地区。

【形态特征】一年生缠绕草本。茎长达 3 m。单叶互生，近卵状心形，常三浅裂。花 1～2 朵腋生，花冠漏斗状，花有红、粉红、白、雪青等色，花期 6—10 月。

图 1—121　牵牛花

【习性与栽培】喜阳光，耐干旱、瘠薄。花一般清晨开放，10 时后凋谢。一般在春季播种繁殖。

【园林用途】可作地被或盆栽观赏，盆栽观赏时需要设立支架。

（6）含羞草（*Mimosa pudica*）（见图 1—122）

图 1—122　含羞草

【科属】豆科，含羞草属。

【别名】知羞草、怕丑草。

【原产地及分布】原产于南美热带地区。

【形态特征】多年生草本或亚灌木作一年生栽培。株高约 40 cm，生倒刺毛和锐刺。二回羽状复叶，羽片数为 2 ~ 4 个，掌状排列，小叶数为 14 ~ 18 枚，椭圆形。头状花序长圆形，2 ~ 3 个生于叶腋；花淡红色；花期 7—10 月。

【习性与栽培】喜温暖、湿润的气候，对土壤要求不严格，喜光，耐半阴。春秋播种均可。

【园林用途】可布置花坛、花境，也是盆栽观赏的好材料。

（7）毛地黄（*Digitalis purpurea*）（见图 1—123）

【科属】玄参科，毛地黄属。

【别名】洋地黄。

【原产地及分布】原产于欧洲、北非和西亚地区。

【形态特征】多年生作二年生栽培。株高达 100 ~ 180 cm。茎直立，全株被毛。基生叶莲座状，茎生叶互生，卵状披针形，叶面多皱。总状花序顶生，花色有紫、桃红、白等色，花期 5—6 月。

【习性与栽培】喜阳，耐半阴。适宜于疏松、肥沃的土壤。在秋季进行播种繁殖。

【园林用途】主要用于花境布置及切花。

图 1—123　毛地黄

（8）大花金鸡菊（*Coreopsis grandiflora*）（见图 1—124）

【科属】菊科，金鸡菊属。

【别名】剑叶波斯菊、狭叶金鸡菊、剑叶金鸡菊。

【原产地及分布】原产于美国。

【形态特征】多年生花卉作二年生栽培。株高 30 ~60 cm。基生叶和部分茎下部叶披针形或匙形；茎生叶全部或有时 3 ~5 裂，裂片披针形或条形，先端钝形。花黄色，花期 6—8 月。

【习性与栽培】对土壤要求不严格，喜肥沃、湿润、排水良好的沙质壤土。耐旱，耐寒，也耐热。一般在 8 月进行播种繁殖，也可在夏季进行扦插繁殖。

【园林用途】主要用于布置花坛、花境，也可做切花，还可用作地被。

图 1—124　大花金鸡菊

（9）黑心菊（*Nudbecria hirta*）（见图 1—125）

【科属】菊科，金光菊属。

【原产地及分布】原产于美国东部地区。

【形态特征】多年生作二年生栽培。株高 60 ~100 cm。叶互生，羽状分裂，基部叶5 ~7 裂，茎生叶 3 ~5 裂，边缘具稀锯齿。头状花序，花黄色，花期 5—9 月。

图 1—125　黑心菊

【习性与栽培】耐寒，耐旱。喜向阳通风的环境。对土壤要求不严格。播种、分株、扦插均可繁殖。

【园林用途】适合花坛、花境、庭院布置，或布置于草地边缘成自然式栽植，也可做切花。

（10）紫罗兰（*Lobularia maritima*）（见图 1—126）

图 1—126　紫罗兰

【科属】十字花科，紫罗兰属。

【别名】草桂花。

【原产地及分布】原产于地中海沿岸地区。

【形态特征】多年生草本花卉作二年生栽培。株高 30 ~ 50 cm。全株有毛。茎基部木质化。叶互生，长圆形至倒披针形，全缘。总状花序顶生或腋生，花瓣有单、重之分，花色红紫，花期 4—5 月。

【习性与栽培】喜冬季温和、夏季凉爽气候，但能耐 -5℃ 的低温。喜肥沃、湿润、深厚的土壤。一般在 9 ~ 10 月播种。

【园林用途】主要用于布置花坛、花境，也可盆栽观赏或做切花。

（11）藿香蓟（*Ageratum conyzoides*）（见图 1—127）

【科属】菊科，藿香蓟属。

【别名】藿香蓟、胜红蓟。

【原产地及分布】原产于墨西哥。

图 1—127　藿香蓟

【形态特征】一年生草本。株高 50 ~ 100 cm。全株被白色短柔毛。叶对生，有时上部互生，卵形、椭圆形或长圆形。头状花序 4 ~ 18 个在茎顶排成伞房花序，小花筒状，蓝色或白色，花期 6—10 月。

【习性与栽培】喜温暖、阳光充足的环境。对土壤要求不严格。不耐寒，在酷热下生长不良。分枝力强，耐修剪。可采用播种或扦插法繁殖。

【园林用途】适宜布置花坛、花境，也可盆栽观赏，还是优良的地被材料。

（12）香彩雀（*Angelonia angustifolia*）（见图1—128）

【科属】玄参科，香彩雀属。

【别名】夏季金鱼草。

【原产地及分布】原产于南美洲地区。

【形态特征】多年生草本常作一年生栽培。株高25～60 cm。单叶对生，披针形，全缘。花期7—9月，花色有紫、粉、白等。

【习性与栽培】喜温暖，耐高温，喜光。采用播种方法繁殖。

【园林用途】可地栽布置花坛、花境，也可盆栽观赏。

图1—128　香彩雀

（13）金鱼草（*Antirrhinum majus*）（见图1—129）

【科属】玄参科，金鱼草属。

【别名】龙头花、龙口花。

【原产地及分布】原产于欧洲。

图1—129　金鱼草

【形态特征】多年生作二年生栽培。株高30～90 cm。单叶对生，上部叶互生，披针形或长椭圆形，全缘。总状花序顶生，花冠筒状唇形，花色有白、黄、粉、红、紫等色，花期5—6月。

【习性与栽培】喜阳光充足，稍耐半阴。要求排水良好、含腐殖质丰富的黏重土壤。较耐寒。以播种繁殖为主。

【园林用途】优良的花坛、花境材料，也可盆栽观赏，高型种可做切花用于瓶插或花篮。

（14）舞春花（*Calibrachoa hybrids*）（见图1—130）

【科属】茄科，万铃花属。

【别名】小花矮牵牛、万铃花。

【原产地及分布】原产于南美洲的万铃花属植物的杂交种。

【形态特征】多年生草本作一二年生栽培。枝条具匍匐特性。叶互生，卵状披针形。花开于近枝端的叶腋，似漏斗状的花与矮牵牛相似，花径大约 3 cm，花色有白、粉、紫、黄、橘色等，全年开花。

图 1—130　舞春花

【习性与栽培】喜光。耐高温，忌潮湿。适宜排水透气良好的微酸性土壤，忌碱性。繁殖采用扦插方法，全年皆可进行。

【园林用途】花色丰富色彩明亮，可单植或与其他草花组合布置花坛、花境。由于枝条匍匐生长的特性，特别适合用于吊盆与壁挂栽培。

（15）鸟尾花（*Crossandra infundibuliformis*）（见图 1—131）

图 1—131　鸟尾花

【科属】爵床科，鸟尾花属。

【别名】半边黄、十字爵床。

【原产地及分布】原产于印度和斯里兰卡。

【形态特征】常绿小灌木作一二年生栽培。株高 15 ~ 40 cm。叶对生，阔披针形，全缘或波状，叶面浓绿富光泽。花序密生如穗状，腋生，橙红色及黄色，花期春末至初冬。

【习性与栽培】耐阴，全日照、半日照或稍荫蔽均能成长。要求疏松、肥沃、排水良好的沙质壤土。在春秋两季均可进行扦插繁殖，也可播种繁殖。

【园林用途】适宜布置花坛，也可盆栽观赏。

2. 常见花境花卉识别

（1）松果菊（*Echinacea purpurea*）（见图1—132）

【科属】菊科，松果菊属。

【别名】紫松果菊。

【原产地及分布】原产于北美地区。

【形态特征】宿根花卉。株高80～120 cm。基生叶卵形或三角状卵形，缘具浅疏齿；茎生叶卵状披针形。头状花序单生枝顶，舌状花紫红色，花期6—7月。

【习性与栽培】性强健，能自播。喜肥沃、深厚、富含腐殖质的土壤。耐寒。一般在春、秋季进行播种或分株繁殖。

【园林用途】可作花境材料或在树丛边缘栽植。

图1—132 松果菊

（2）黄金菊（*Perennial chamomile*）（见图1—133）

图1—133 黄金菊

【科属】菊科，菊属。

【别名】罗马春黄菊。

【原产地及分布】分布于我国各地。

【形态特征】亚灌木。羽状叶有细裂，花黄色，花心黄色，花期从春到夏秋。

【习性与栽培】喜光，耐高温、耐寒。要求排水良好、中性或略碱性的沙质土壤。用播种法繁殖，也可扦插。

【园林用途】适宜于花境、花坛、岩石园应用。

(3) 勋章菊（*Gazania rigens*）（见图 1—134）

图 1—134 勋章菊

【科属】菊科，勋章菊属。

【别名】勋章花、非洲太阳花。

【原产地及分布】原产于南非和莫桑比克。

【形态特征】宿根花卉。株高 25 cm 左右。叶丛生，披针形、倒卵状披针形，全缘或有浅羽裂，叶背密被白绵毛。舌状花白、黄、橙、红色，花期 4—5 月。

【习性与栽培】喜温暖，好凉爽，不耐冻。喜排水良好、疏松肥沃的土壤。忌高温、高湿与水涝。繁殖可用播种、分株、扦插方法。

【园林用途】主要布置花坛和盆栽观赏，也可布置花境。

(4) 细叶美女樱（*Verbena tenera*）（见图 1—135）

【科属】马鞭草科，马鞭草属。

【原产地及分布】原产于南美巴西。

图 1—135 细叶美女樱

【形态特征】宿根花卉。株高 20 ~ 30 cm。叶对生，叶二回羽状深裂或全裂，裂片线形。伞房花序顶生，花粉紫、白色，顶生，花期 4—10 月。

【习性与栽培】喜温暖，忌高温多雨，有一定耐寒性，喜光充足，对土壤要求不严格，在湿润、疏松、肥沃土中开花好。可用扦插和分株方法繁殖。

【园林用途】主要用于花境和地被布置。

（5）火炬花（*Kniphofia uvaria*）（见图 1—136）

【科属】百合科，火炬花属。

【别名】凤凰百合、火炬花、火把花。

【原产地及分布】原产于南非地区。

【形态特征】宿根花卉。叶根出，丛生，宽线形。花茎高出叶丛，顶生密生穗状总状花序，下部花黄色，上部深红色，花期 6—10 月。

【习性与栽培】喜充足阳光，也耐半阴。宜排水良好、疏松肥沃、土层深厚的沙壤土。常用分株和播种法繁殖。

【园林用途】主要用于布置花境，也可做切花、盆栽或丛植于草坪中以及植于假山石旁，用作配景。

图 1—136　火炬花

（6）耧斗菜（*Apuilegia vulgaris*）（见图 1—137）

图 1—137　耧斗菜

【科属】毛茛科，耧斗菜属。

【别名】西洋耧斗菜。

【原产地及分布】原产于欧洲地区。

【形态特征】宿根花卉。植高 60 cm。叶二回三出复叶。花单生或数朵集生顶端，花萼呈花瓣状，花瓣呈漏斗状，自花萼间伸向后方，花色丰富，花期 5—6 月。

【习性与栽培】喜富含腐殖质、湿润且排水良好的沙质壤土。在半阴处生长且开花更好。可在春、秋季播种繁殖，也可在秋季落叶后或早春发芽以前进行分株繁殖。

【园林用途】可配置于灌木丛之间及林缘，也常作花坛、花境及岩石园的栽植材料。

图 1—138 紫娇花

（7）紫娇花（*Tulbaghia violacea*）（见图 1—138）

【科属】石蒜科，紫娇花属。

【别名】野蒜、非洲小百合。

【原产地及分布】原产于南非地区。

【形态特征】地下具鳞茎。株高 30 ~ 50 cm。叶多为半圆柱形，中央稍空。聚伞花序顶生，花紫粉红色，花期 5—7 月。

【习性与栽培】喜高温，生育适温 24 ~ 30℃。可用播种、分球等方法繁殖。

【园林用途】主要用于布置花境，也可盆栽观赏或做切花。

（8）花毛茛（*Ranunculus asiaticus*）（见图 1—139）

图 1—139 花毛茛

【科属】毛茛科，毛茛属。

【别名】堇菜花、波斯毛茛、陆莲花。

【原产地及分布】原产于中东地区至欧洲东南部地区。

【形态特征】地下具小块根。株高 20 ~ 40 cm。基生叶阔卵形或椭圆形或三出状，缘具锯齿；茎生叶羽状细裂，无柄。花色主要为黄色，也有红、白、橙等色，花期 4—5 月。

【习性与栽培】不耐炎热，夏季为休眠季节。要求肥沃、排水良好、中性或微酸性的沙质土壤。畏积水，怕干旱。以分球繁殖为主，也可在8—9月进行播种。

【园林用途】可布置花坛、花境，也可盆栽观赏。

（9）蛇鞭菊（*Liatris spicata*）（见图1—140）

图1—140　蛇鞭菊

【科属】菊科，蛇鞭菊属。

【原产地及分布】原产于北美地区。

【形态特征】地下具黑色块根。株高60～150 cm。叶互生，条形，全缘。穗状花序紫红色，花期7—9月。

【习性与栽培】较耐寒，对土壤选择性不强。要求日照充足。一般在春季或秋季进行分株繁殖。

【园林用途】常作花境配置或作为切花。矮的变种可用于花坛。

（10）百子莲（*Agapanthus africanus*）（见图1—141）

图1—141　百子莲

【科属】石蒜科，百子莲属。

【别名】蓝花君子兰。

【原产地及分布】原产于秘鲁和巴西。

【形态特征】根状茎。叶线状披针形，近革质。花茎直立，高达60 cm；伞形花序，有花10～50朵，花漏斗状，花深蓝色或白色，花期7—8月。

【习性与栽培】喜温暖、湿润、阳光充足的环境。要求疏松、肥沃、微酸性的沙质壤土。主要在春季3—4月采用分株方法繁殖，也可以播种繁殖。

【园林用途】适宜盆栽，也可以布置花境，或作岩石园和花径的点缀植物。

图 1—142　山桃草

（11）山桃草（*Gaura lindheimeri*）（见图 1—142）

【科属】柳叶菜科，山桃草属。

【别名】千鸟花、白桃花。

【形态特征】宿根花卉。高 1 m 左右。全株被长软毛。茎直立。叶互生，叶片卵状披针形，边缘有细齿或呈波状。花紫红色或白色，成密生的穗状花序，花期晚春至初秋。

【习性与栽培】喜凉爽、湿润的气候，耐干旱。要求阳光充足，也能耐半阴。喜肥沃、疏松及排水良好的沙质壤土。一般在秋季播种，也可分株繁殖。

【园林用途】主要用作花坛、花境布置，也常作地被，还可盆栽观赏或作为切花。

（12）柳叶马鞭草（*Verbena bonariensis*）（见图 1—143）

【科属】马鞭草科，马鞭草属。

【别名】南美马鞭草、长茎马鞭草。

【原产地及分布】原产于南美洲。

【形态特征】宿根花卉。株高 100 ~ 150 cm。茎直立，正方形。柳叶形，十字对生，缘略有缺刻。花序顶生，蓝紫色，夏秋开放。

【习性与栽培】喜温暖的气候。对土壤选择不严格，排水良好即可，耐旱能力强。繁殖可用播种、扦插等方法。

【园林用途】在庭院中常被用于疏林下，也可以沿路带状栽植。

图 1—143　柳叶马鞭草

（13）火星花（*Crocosmia crocosmiflora*）（见图 1—144）

【科属】鸢尾科，雄黄兰属。

【别名】雄黄兰。

【原产地及分布】原产于非洲南部地区。

【形态特征】球茎扁圆形。地上茎高约 50 cm。叶线状剑形，基部有叶鞘抱茎而生。复圆锥花序，橙红色，花期 6—8 月。

【习性与栽培】喜光，耐寒。适宜生长于排水良好、疏松、肥沃的沙壤土。常用分球繁殖。

【园林用途】布置花境、花坛和做切花。

图 1—144　火星花

（14）八宝景天（*Sedum spectabile*）（见图 1—145）

图 1—145　八宝景天

【科属】景天科，景天属。

【别名】华丽景天、长药景天、大叶景天。

【原产地及分布】原产于我国东北地区以及河北、河南、安徽、山东等地。

【形态特征】多肉植物。地下茎肥厚，地上茎簇生。株高 30 ~ 50 cm。全株略被白粉，呈灰绿色。叶轮生或对生，倒卵形，肉质，具波状齿。伞房花序密集如平头状，花淡粉红色，有白色、紫红色、玫红色等栽培品种，花期 7—10 月。

【习性与栽培】喜强光和干燥、通风良好的环境。喜排水良好的土壤，耐瘠薄和干旱，忌雨涝积水。以扦插繁殖为主，也可分株或播种。

【园林用途】布置花坛、花境和点缀草坪，也可以用作地被植物。

（15）丛生福禄考（*Phlo subulata*）（见图 1—146）

【科属】花葱科，福禄考属。

【别名】针叶天蓝绣球。

【原产地及分布】原产于北美洲。

图 1—146　丛生福禄考

【形态特征】宿根花卉。株高 8～10 cm。枝叶密集，匍地生长。叶针状，簇生，革质，叶与花同时开放。花高脚杯形，花小，直径为 2 cm 左右，花期 5—12 月。

【习性与栽培】喜阳光，稍耐阴。耐干旱，忌水涝。耐寒。对土壤要求不严格，但在肥沃、湿润、排水良好的土壤上生长良好。在炎热多雨的夏季生长不良。繁殖方法以扦插和分株为主。

【园林用途】优良的观花地被，也常用于花坛和花境的镶边。

3. 常见地被植物识别

（1）马蹄金（*Dichondra repens*）（见图 1—147）

图 1—147　马蹄金

【科属】旋花科，马蹄金属。

【别名】铜钱草。

【原产地及分布】分布于我国台湾以及长江以南等地区。

【形态特征】宿根。茎细长，匍匐，被灰色短柔毛，节上生根。叶肾形至圆形，全缘。花单生叶腋。

【习性与栽培】耐阴、耐湿，稍耐旱。只耐轻微的践踏。温度降至 $-6 \sim -7$℃时会遭冻伤。可播种和分株繁殖。栽培管理简便。

【园林用途】适用于庭院绿地栽培，也可用于沟坡、堤坡、路边等处固土材料。

（2）白花三叶草（*Trifolium repens*）（见图1—148）

图1—148　白花三叶草

【科属】豆科，三叶草属。

【别名】车轴草。

【原产地及分布】原产于欧洲、北非及西亚地区。

【形态特征】宿根。叶互生，三出复叶，小叶倒卵形。总状花序，由20～24朵小花组成，白色或红色，花期5—6月。

【习性与栽培】喜湿暖、湿润气候，生长适温为19～24℃。喜酸性土壤，适宜于pH值为5.6～7.0。耐潮湿，耐剪割。可用播种、分株方法进行繁殖。

【园林用途】常作地被植物。

（3）白芨（*Bletilla striata*）（见图1—149）

【科属】兰科，白芨属。

【别名】连及草、甘根。

【原产地及分布】原产于东亚地区，主要分布于我国华北和华东地区。

【形态特征】多年生草本。株高30～60 cm。叶互生，广披针形，基部下延成鞘状抱茎。总状花序顶生，着花数为3～7朵，花淡紫红色，花期3—5月。

图1—149　白芨

【习性与栽培】喜温暖及稍阴湿的环境。一般用分株方法繁殖。

【园林用途】常作地被植物。

图 1—150　大吴风草

(4) 大吴风草（*Ligularia tussilaginea*）（见图 1—150）

【科属】菊科，大吴风草属。

【别名】橐吾。

【原产地及分布】原产于我国东部及日本和朝鲜。

【形态特征】常绿宿根。株高 30～40 cm。叶基生，有长柄，肾形。头状花序在顶端排成疏伞房状，舌状花黄色，花期 7—8 月。

【习性与栽培】喜阴湿，黏重土壤。用分株繁殖。

【园林用途】常作地被植物。

(5) 花叶活血丹（*Glechoma hederacea* cv. "Variegata"）（见图 1—151）

【科属】唇形科，活血丹属。

【别名】欧亚活血丹、金钱草。

【原产地及分布】分布于欧亚地区。

图 1—151　花叶活血丹

【形态特征】宿根。茎四棱，匍匐，节上生根。叶对生，肾形或心脏形，边缘有圆齿，叶缘具白色斑块。轮伞花序有 2～6 朵淡紫色小花，花期 3—4 月。

【习性与栽培】喜阴湿，耐寒。忌积水或干旱。对土壤要求不严格，但以疏松、肥沃、排水良好的沙质壤土为佳。采用分株繁殖。

【园林用途】适用于林缘、路边、林间草地、溪边河畔布置，是优良的地被植物。也可应用于花境。

(6) 紫叶酢浆草（*Oxalis triangularis*）（见图 1—152）

【科属】酢浆草科，酢浆草属。

【别名】三叶酢浆草。

图 1—152　紫叶酢浆草

【原产地及分布】原产于南非。

【形态特征】地下块状根茎粗大呈纺锤形。株高 15 ~ 20 cm。叶丛生，具长柄，掌状复叶，小叶数为3枚，无柄，倒三角形，上端中央微凹，叶大而紫红色。花葶高出叶面约 5 ~ 10 cm，伞形花序，淡红色或淡紫色，花期4—11 月。

【习性与栽培】喜阴湿环境，不耐寒。花、叶对光有敏感性，白天和晴天开放，晚上及阴雨天闭合。

【园林用途】适宜于作地被植物使用，也可作盆栽观赏。

（7）绵毛水苏（*Stachys lanata*）（见图 1—153）

图 1—153　绵毛水苏

【科属】唇形科，水苏属。

【原产地及分布】原产于高加索地区至伊朗的石山区。

【形态特征】株高 35 ~ 40 cm。全株被白色绵毛。叶片柔软，对生，圆状匙形。轮伞花序，花小，红色。

【习性与栽培】喜高温和阳光充足的环境。耐干旱，耐寒冷。要求排水良好的土壤。可用播种或分株方法进行繁殖。

【园林用途】是优良的花境材料，也可用于岩石园、庭院观赏。

4. 常见水景花卉识别

（1）黄菖蒲（*Iris pseudacorus*）（见图 1—154）

图 1—154　黄菖蒲

【科属】鸢尾科，鸢尾属。

【别名】黄花鸢尾、水生鸢尾。

【原产地及分布】原产于欧洲地区。

【形态特征】挺水花卉。根茎短粗。叶基生，绿色，长剑形，长 60 ~ 100cm，中脉明显。花茎稍高出于叶，花黄色，花期 5—6 月。

【习性与栽培】喜光，耐半阴。耐旱，也耐湿。沙壤土及黏土都能生长，在水边栽植生长更好。通常在春季或秋季采用分株方法繁殖，也可在春秋两季播种。

【园林用途】适宜于在水边点缀配植，也可布置花境。

（2）香蒲（*Typha orientalis*）（见图 1—155）

【科属】香蒲科，香蒲属。

【别名】水烛。

【原产地及分布】原产于我国。

图 1—155　香蒲

【形态特征】挺水花卉。株高为 1.4 ~ 2 m。根状茎白色。茎圆柱形、直立。叶扁平带状。花单性，肉穗状花序顶生圆柱状似蜡烛。雄花序生于上部，雌花序生于下部，两者紧密相连，中间无间隔。花期 6—7 月。

【习性与栽培】以含丰富有机质的塘泥为最好。较耐寒。可用播种和分株繁殖。

【园林用途】主要用于水边丛植或片植，还能布置花境或作为切花。

（3）千屈菜（*Lythrum salicaria*）（见图 1—156）

图 1—156　千屈菜

【科属】千屈菜科，千屈菜属。

【别名】水枝柳、对叶莲、水柳、水枝锦。

【原产地及分布】原产于欧、亚洲温带地区。

【形态特征】挺水花卉。株高 1 m 。地下根茎粗壮、木质。茎四棱形、直立、近基部木质花。叶对生或轮生，披针形，全缘，无柄。穗状花序顶生，小花多而密，紫红色，花期 7—9 月。

【习性与栽培】喜强光和潮湿以及通风良好的环境。耐寒，能在浅水中生长，也可旱栽。可 3—4 月进行分株和播种，也可春夏两季进行扦插。

【园林用途】可水池栽植，水边丛植。可用作花境也可盆栽。

二、常见温室花卉识别

1. 常见温室观花花卉识别

（1）新几内亚凤仙（*Impariens hawkeri*）（见图 1—157）

图 1—157　新几内亚凤仙

【科属】凤仙花科，凤仙花属。

【别名】五彩凤仙花、四季凤仙。

【原产地及分布】原产于新几内亚。

【形态特征】宿根花卉。株高 20 ~ 60 cm。茎肉质。叶互生，卵状长圆形或卵状披针形，边缘具锯齿。花单生或呈伞房花序生于叶腋；花萼三枚，其中有一枚向后延生成距；花有白、红、粉红、橙红、紫红、蓝等色；冬春季开花。

【习性与栽培】喜温暖、湿润、

庇荫的环境条件。要求疏松、肥沃、排水良好的微酸性土壤。生长最适温度为 21～26℃。繁殖有扦插和播种两种方法。

【园林用途】适宜于盆栽观赏和布置花坛。

（2）大花君子兰（*Clivia miniata*）（见图 1—158）

图 1—158　大花君子兰

【科属】石蒜科，君子兰属。

【别名】剑叶石蒜、君子兰。

【原产地及分布】原产于南非。

【形态特征】宿根花卉。根肉质。株高 40 cm 左右。叶宽带状或剑状，两列状交互叠生，全缘。伞形花序顶生，黄色或橙红色，全年开花，但以春夏季为主。

【习性与栽培】喜温暖、半阴、湿润的环境。较耐肥。要求疏松、肥沃、排水透气性良好的中性至微酸性（pH 值为 6.5～7）土壤。主要采用播种、分株繁殖。

【园林用途】是名贵盆花，主要作盆栽观赏，也可布置会场、楼堂馆所。

（3）朱顶红（*Amaryllis vittata*）（见图 1—159）

【科属】石蒜科，孤挺花属。

【别名】百枝莲。

【原产地及分布】原产于秘鲁。

【形态特征】鳞茎球形。叶两列状着生，基出，数为 4～8 枚，带形，略肉质，与花同时或花后抽出。花葶中空，高于叶丛，伞形花序有花 4～6 朵，花冠漏斗状，花期 5—6 月，花红色具白条纹。

【习性与栽培】稍耐寒，春夏季凉爽。喜阳光不过于强烈的环境。一般在春季进行分球，也可在 6—7 月进行播种繁殖。

【园林用途】主要进行盆栽观赏，也可做切花。

图 1—159　朱顶红

（4）扶桑（*Hibiscu rosasinensis*）（见图 1—160）

图 1—160　扶桑

【科属】锦葵科，木槿属。

【别名】朱槿牡丹。

【原产地及分布】原产于我国南部地区。

【形态特征】常绿灌木。叶互生，卵形或广卵形，具三主脉，基部 1/3 全缘，其他呈不等的锯齿或缺刻。花单生于新枝叶腋，单瓣者花冠漏斗形，雌雄蕊超出花冠，花有紫、红、粉、白、黄等色，花期全年开放。

【习性与栽培】对基质要求不严格。长日照花卉，需阳光充足，夏季也应放置于阳光下。一般用扦插的方法进行繁殖。

【园林用途】主要作为盆栽观赏。

（5）花烛（*Anthurium scherzerianum*）（见图 1—161）

图 1—161　花烛

【科属】天南星科，天南星属。

【别名】称红掌、安祖花。

【原产地及分布】原产于南美洲哥伦比亚。

【形态特征】宿根花卉。株高 40 ~ 50 cm。叶卵心形至箭形，边缘全缘。肉穗花序黄色、直立；佛焰苞平出，卵心形，颜色有白、粉、红、绿等色，是主要的观赏部位。

【习性与栽培】喜温暖、湿润、半阴的环境。一般采用组织培养和分株繁殖。

【园林用途】是一种著名的盆花和切花。

2. 常见温室观叶花卉识别

（1）龟背竹（*Monstera deliciosa*）（见图 1—162）

图 1—162　龟背竹

【科属】天南星科，龟背竹属。

【别名】蓬莱蕉、电线兰、穿孔喜林芋。

【原产地及分布】原产于墨西哥。

【形态特征】茎绿色，粗壮，长达 7 ~ 8 m，生有深褐色气生根。叶厚革质，互生；幼叶心脏形，无孔，长大后成矩圆形，具不规则的羽状深裂，叶脉间有椭圆形穿孔，极像龟背。

【习性与栽培】喜温暖、湿润、庇荫的环境。通常在 4 ~ 5 月间采用扦插方法进行繁殖。

【园林用途】盆栽观赏。常用于室内装饰布置。

（2）橡皮树（*Ficus elestica*）（见图 1—163）

图 1—163　橡皮树

【科属】桑科，榕树属。

【别名】印度橡皮树、印度榕、橡胶树。

【原产地及分布】原产于印度和马来西亚。

【形态特征】常绿乔木。株高 20 ~ 25 m。全株体内含有白色乳汁。叶互生，椭圆形，革质，全缘，绿色，也有花叶和黑叶等栽培品种。托叶大、红色，当嫩叶伸展后托叶自行脱落。

【习性与栽培】喜高温、湿润的环境。不耐寒。繁殖主要以扦插和压条为主。

【园林用途】盆栽观赏。常用于室内装饰布置。

（3）金边凤梨（*Ananas comosus*）（见图1—164）

【科属】凤梨科，凤梨属。

【原产地及分布】原产于南美洲地区。

【形态特征】宿根花卉。叶丛生呈莲座状，线形，叶片中央亮绿色，叶子边缘金黄微带粉红色，并具有锐刺。穗状花序密集成卵圆形，花序顶端有一丛20～30枚叶形苞片，苞片橙红色，小花紫色或近红色。

【习性与栽培】喜温暖、通风、半阴的环境。通常用分株的方法进行繁殖。

【园林用途】盆栽观赏。常用于室内装饰布置。

图1—164　金边凤梨

图1—165　虎尾兰

（4）虎尾兰（*Sanaevieria trifasciata*）（见图1—165）

【科属】龙舌兰科，虎尾兰属。

【别名】虎皮兰。

【原产地及分布】原产于非洲、印度。

【形态特征】根茎匍匐，无地上茎。叶簇生，常2～6片成束，线状披针形，硬革质直立，先端有一短尖头，两面有浅绿色和深绿相间的横向斑带，稍被白粉。

【习性与栽培】喜温暖环境。对日照要求不严格，既耐日晒又耐半阴。分株或叶插均可进行繁殖。

【园林用途】盆栽观赏。常用于室内装饰布置。

复习思考题

1. 什么是细胞？植物细胞主要有哪些结构？植物细胞和动物细胞有什么区别？
2. 植物有哪些组织类型？各类组织一般位于植物的什么部位？各类组织有什么作用？
3. 植物根尖可以分成哪些区域？各个区域有什么作用？根尖和茎尖有什么不同？
4. 什么是菌根？什么是根瘤？
5. 被子植物茎的构造和裸子植物、单子叶植物茎的构造有什么不同？
6. 叶子、果实、种子的构造是怎样的？
7. 种子萌发过程是怎样的？种子萌发后的幼苗有哪些类型？
8. 常见园林树木和园林花卉有哪些？在形态上各有什么特征？在习性方面各有什么特点？在园林中各有什么用途？

第 2 章

园林植物病虫害识别

第1节　园林植物虫害识别

学习单元1　昆虫的生理基础

学习目标

→了解昆虫内部器官的功能

→熟悉昆虫的生殖方式

→掌握昆虫生长发育与环境的关系和昆虫内部器官与害虫防治之间的关系

知识要求

一、昆虫的内部器官及功能

昆虫的内部器官都位于体壁所包围的体腔中，主要包括消化、呼吸、生殖、神经、排泄、循环、肌肉、分泌八大系统。昆虫没有像高等动物一样的血管，血液充满体腔，所以昆虫的体腔又叫血腔。昆虫的各个器官系统都浸浴在血液中。

1. 昆虫的消化器官

昆虫的主要消化系统是一条由口到肛门的消化道，以及同消化功能有关的腺体。昆虫除卵、蛹外，幼虫和绝大多数成虫都需要取食，以获得生命活动和繁衍后代所需的营养物质和能量。昆虫的消化道主要功能是摄取、运送食物，消化食物和吸收营养物质，并经血液输送到各组织中去，将未经消化的食物残渣和代谢的排泄物从肛门排出体外。昆虫消化食物，主要依赖消化液中的各种酶的作用，把糖、脂肪、蛋白质等水解为糖、甘油脂肪酸和氨基酸等，才能被肠壁所吸收。这种分解消化作用，必须在稳定的酸碱度下才能进行。各种昆虫肠液的酸碱度不一样，如蛾、蝶类幼虫肠液的pH值多在8.5~9.9，蝗虫为5.8~6.9，甲虫为6~6.5，蜜蜂为5.6~6.3。同时，昆虫肠液还有很强的缓冲作用，不会因食物中的酸或碱而改变酸碱度。

了解昆虫的消化生理对于选用胃毒剂具有一定的指导意义。胃毒剂被害虫吃进肠内能否溶解和被中肠吸收，直接关系到杀虫效果。药剂在中肠的溶解度与中肠液的酸碱度关系很大。例如，酸性砷酸铝在碱性溶液中易溶解，对于中肠液是碱性的菜青虫毒效很好。反之，碱性砷酸钙易溶于酸性溶液中，对于中肠液是碱性的菜青虫则缺乏杀虫效力。同样，杀螟杆菌的有毒成分伴孢晶体能够杀死菜青虫也是这个道理。

2. 昆虫的呼吸器官

昆虫的主要呼吸器官是气管及其在体壁上的气门。昆虫的呼吸作用主要靠气管系统进行，空气由气门进入气管，再经气管进入微气管，然后进行扩散作用而进入细胞组织，代谢所产生的 CO_2 又通过气门排出体外。气门是气管在体壁上的开口，可以调节呼吸频率，并阻止外来物的侵入。气门一般为 10 对，即中后胸各 1 对，腹部 1 ~ 8 节各 1 对。但由于昆虫的生活环境不同，气门的数目和位置常常发生变化。

当空气中有毒气时，毒气会随着空气进入虫体，使其中毒而死，这就是使用熏蒸杀虫剂的基本原理。毒气进入虫体与气门开闭情况关系密切，在一定温度范围内，温度越高，昆虫越活动，呼吸越增强，气门开放也越大，施用熏蒸杀虫剂效果就越好，这也就是在天气热、温度高时熏蒸害虫效果好的主要原因。此外，在空气中 CO_2 增多的情况下，也会迫使昆虫呼吸加强，引起气门开放。

昆虫的气门一般都是疏水性的，水滴不会侵入气门，但油类却极易进入。油乳剂的作用，除能直接穿透体壁外，大量是由气门进入虫体的。因此，油乳剂是杀虫效果较好而广泛应用的剂型。此外，有些黏着展布剂，如肥皂水、面糊水等，可以机械地把气门堵塞，使昆虫窒息死亡。

3. 昆虫的神经系统

昆虫通过神经系统一方面与周围环境取得联系，并对外界刺激做出迅速的反应，另一方面由神经分泌细胞与体内分泌系统取得联系，协调和支配各器官的生理代谢活动。神经系统是具有兴奋和传导性的组织，它能接受外界刺激而迅速发生兴奋冲动。

目前使用的许多杀虫剂的杀虫机理，都是从神经系统方面考虑的，属于神经性毒剂。如有机磷杀虫剂的杀虫机理，就是破坏乙酰胆碱酯酶的分解作用，使昆虫受刺激后，在神经末梢处产生的乙酰胆碱不能正常分解，导致神经传导一直处于过度兴奋和紊乱状态，破坏了正常的生理活动，以致麻痹衰竭失去知觉而死。也有的药剂作用机理为阻止乙酰胆碱的产生，使害虫瘫痪而亡或药剂破坏神经元结构等。此外，还可利用害虫神经系统引起的习性反应，如假死性、趋光性、趋化性等进行害虫防治。

4. 昆虫的生殖器官

昆虫的雌雄生殖器官，都位于腹部消化道的两侧或侧背面。当个体生殖器官受到抑制或破坏时，虫体不会死亡，只是不能产生后代，这在害虫防治上具有实践意义。

两性生殖的昆虫，通过雌雄交尾（或称交配），精子与卵细胞相结合的过程称为受精。一般受精卵能孵化出幼虫，未受精卵不能孵化。因此，近年来发展起来的防治害虫的新技术——害虫不育防治法就是利用物理学、化学或生物学的方法来达到害虫绝育的目的，从而控制害虫自然种群的数量。目前应用的有辐射不育法、化学不育法和遗传不育法。这些方法的共同点是抑制或破坏害虫的生殖系统（主要是对生殖细胞），使害虫不能产生精子或卵，或者产生不正常的精子或卵，或者产生不育的后代或使后代畸形、无生命力或不雌也不雄。

二、昆虫的生物学

1. 昆虫的行为方式

昆虫种类繁多，分布极广，在长期演化过程中，为适应在各种复杂的环境条件下生存，各种昆虫形成各不相同的行为和习性，如休眠、滞育、食性、趋性、假死性等。这些行为习性是昆虫在长期进化过程中所获得的先天性行为。

（1）休眠和滞育。休眠和滞育是指昆虫年生活史的某个阶段，当遇到不良环境条件时，出现生长发育暂时停止的现象，以安全度过不良环境阶段。根据引起和解除停滞的条件，昆虫生长发育暂时停止的现象可分为休眠和滞育两种类型。

1）休眠。休眠是由不良环境条件直接引起的，如温度、湿度过高或过低，食物不足等，表现出不食不动、生长发育暂时停止的现象，当不良环境消除后，昆虫便可立即恢复生长发育。休眠是昆虫对不良环境条件的暂时性适应。

2）滞育。滞育是昆虫长期适应不良环境而形成的种的遗传特性，是昆虫定期出现的一种生长发育暂时停止的现象，不论外界环境条件是否适合。季节性的光周期变化是引起昆虫滞育的主要因子。光周期季节性变化使昆虫能够感受到严冬的低温和盛夏的高温等不良环境何时到来。在自然情况下，根据光周期信号，当不良环境尚未来到之前，这些昆虫在生理上已经有所准备，即已进入滞育状态，而且一旦进入滞育，即使给予最适宜的条件，也不能马上恢复生长发育等生命活动。滞育的解除需要一定的时间和一定的条件，并由激素控制。

（2）食性。在自然界中，每一种昆虫都有自己喜食的食物或食物范围，通常称为昆虫的食性。

按照取食的对象，昆虫的食性一般可分为植食性、肉食性、腐食性、杂食性四种。植食性昆虫是以活的植物各个部位为食物的昆虫。植食性昆虫大多数是园林害虫，如马尾松毛虫、大蓑蛾、刺蛾等，少数种类对人类有益，如柞蚕、家蚕等。肉食性昆虫是以其他动物为食物的昆虫，如对人类有益的捕食害虫的瓢虫、螳螂、食虫虻、胡蜂等，寄生在害虫体内的寄生蝇、寄生蜂等，对人类有害的如蚊、虱、蚤等。腐食性昆虫是以动物、植物残体或粪便为食物的昆虫，如粪金龟等。杂食性昆虫既以植物或动物为食，又可腐食，如蜚蠊等。

根据昆虫取食范围，昆虫的食性又可分为单食性、寡食性、多食性三种。单食性昆虫是只以一种或近缘种植物为食物的昆虫，如三化螟等。寡食性昆虫是以一科或几种近缘科的植物为食物的昆虫，如菜粉蝶、马尾松毛虫等。多食性昆虫是以多种非近缘科的植物为食物的昆虫，如刺蛾、棉蚜、蓑蛾等。

（3）趋性。趋性是指昆虫对外界因子（光、温度、湿度和某些化学物质等）刺激所产生的定向活动，其中趋向刺激源的称正趋性，背向刺激源的称负趋性。昆虫的趋性主要有趋光性、趋化性、趋温性、趋湿性、趋声性等。在害虫防治中，趋光性和趋化性应用较广。

趋光性指昆虫对光的刺激所产生的定向活动，包括正趋光性和负趋光性。不同种类，甚至不同性别趋光性也不同。多数夜间活动的昆虫，如蛾类、金龟子等，对灯光表现为正趋性，特别是在夜晚对波长为 300 ~ 400 nm 的紫外光的趋光性更强。蚜虫对 500 ~ 600 nm 的黄色光趋性极强，人们常常利用黄板诱杀蚜虫。另外，有些昆虫对光表现为负趋性，例如蟑螂等遇光则迅速躲藏至黑暗的场所。

一些夜蛾对糖、醋、酒混合液发出的气味有正趋性，菜粉蝶喜趋向于含有芥子油的十字花科植物上产卵等。另外，雌雄间或个体间也可以通过散发一些微量化学物质即信息素或称外激素，并通过对这些微量化学物质的定向反应进行联络。例如蛾类、蝶类、甲虫等可通过对性外激素的定向反应寻找配偶。白蚁、蚂蚁可通过标迹外激素（追踪外激素）找回巢穴或找到食物。蚂蚁受到外敌侵害时还能分泌告警外激素，“呼唤”其他蚂蚁前来助战。蜜蜂工蜂可根据蜂王分泌的集结外激素飞集到蜂王的周围集结，甲虫类（如小蠹）也可以通过集结外激素进行集结。根据昆虫的趋化性，人们常常利用食饵诱杀、性诱杀、驱避等方法来防治害虫，通过化学诱集法采集标本，并通过对诱集种类和数量的分析进行预测预报。

（4）假死性。有一些昆虫在取食爬动时，受到外界突然震动惊扰后，往往立即卷缩肢体从树上掉落地面，或在爬行中缩做一团，装死不动，这种行为叫作假死性。假死性是昆虫受到外界刺激后产生的一种抑制反应。假死性是昆虫躲避敌害的一种有效方式，如象甲、叶甲、金龟甲等成虫遇惊和 3 ~ 6 龄的松毛虫幼虫受震都会假死滚落地面。因此，人们可利用害虫的假死性进行人工扑杀和虫情调查等。

（5）群集性。同种昆虫大量个体高密度聚集在一起的现象叫群集性。如榆蓝叶甲的越

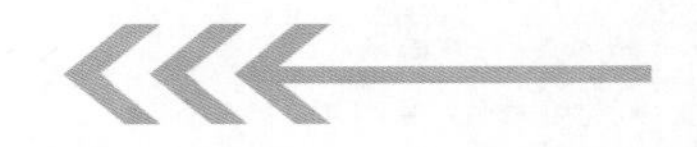

夏，瓢虫的越冬，天幕毛虫幼虫在树杈结网栖息，杨毛蚜、竹蝗、部分飞蝗等终生群集在一起，都是受遗传基因控制的。马尾松毛虫 1～2 龄幼虫、刺蛾的幼龄幼虫、金龟甲等一些种类的成虫都有群集危害的特性。了解昆虫的群集特性可以在害虫群集时进行挑治或人工捕杀。

2. 昆虫的生殖方式

昆虫在进化过程中，由于长期适应其生活环境，逐渐形成了多种多样的生殖方式，常见的有两性生殖、孤雌生殖、多胚生殖等。

（1）两性生殖。昆虫的绝大多数种类属于雌雄一体动物，通常进行两性生殖。两性生殖又称为两性卵生，其特点是必须经过雌雄两性交配，精子与卵子结合形成的受精卵，由雌虫产出体外，卵经过一定的时间发育成新的个体。

（2）孤雌生殖。卵不经过受精就能发育成新的个体的生殖方式称为孤雌生殖，又叫单性生殖。孤雌生殖是昆虫对环境的一种适应，有利于昆虫迅速扩大种群。

（3）多胚生殖。一个卵在发育的过程中可以分裂成多个胚胎，从而形成多个个体的生殖方式称多胚生殖。这种生殖方式多见于一些内寄生蜂，如小蜂科、蜂科、姬蜂科中的部分种类，这种生殖式是这些寄生蜂对难以寻找寄主的一种适应。

3. 昆虫的世代及生活年史

（1）世代。昆虫自卵或幼体离开母体到成虫性成熟产生后代为止的个体发育周期，称为一个世代，简称一代。各种昆虫完成一个世代所需时间不同。世代短的只有几天，如蚜虫，8～10 天就可完成一代；世代长的可达几年甚至十几年，如桑天牛、大黑鳃金龟两年完成一代，美洲的一种蝉 17 年才完成一代。昆虫世代的长短和当年内发生的世代数，除取决于昆虫本身的遗传特征外，还受环境条件的影响。一般南方气温较高，世代历期短，一年发生的代数就多；北方气温低，世代历期长，一年发生的世代就比较少。

（2）年生活史。年生活史是指昆虫一年的发生经过，即从当年越冬虫态开始活动起，到第二年越冬结束为止的发育过程，简称生活史。昆虫年生活史包括昆虫的越夏、越冬和栖息场所，一年中发生的世代和各世代的历期和数量变化规律，以及生活习性等。了解昆虫的生活年史，是制定防治措施的重要依据。一年发生多代的昆虫，由于成虫发生期长，产卵期长，幼虫孵化先后不一，常常出现上一世代的虫态与下一世代的虫态同时发生的现象，这种现象称为世代重叠。

对一年发生两代或多代的昆虫，划分世代的顺序均以卵期开始，依先后出现的次序分别称第一代、第二代……但应注意跨年虫态的世代顺序。习惯上以卵越冬，越冬卵就是次年的第一代卵。如是以其他虫态越冬的，都不是次年的第一代，而是前一年的最后一代即越冬代，只有越冬代成虫产的卵才称为第一代卵。

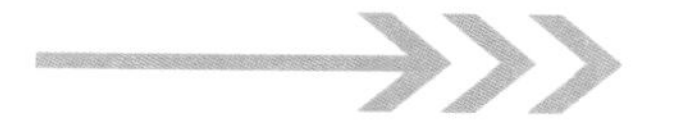

了解昆虫年生活史，掌握昆虫的发生规律，是害虫预测预报和害虫防治的前提和基础。

三、昆虫的发生与环境条件之间的关系

自然界中昆虫与周围环境发生着密切关系。研究昆虫与环境之间的关系的目的，是为了掌握害虫的发生发展规律，为害虫预测预报和综合治理提供理论依据。生态因子错综复杂，有气候因子、土壤因子、生物因子、人类活动等。气候因子与昆虫生命活动的关系非常密切，气候因子包括温度、湿度、光照、水分、土壤等，其中以温度和湿度对昆虫的影响最大，但各个条件的作用并不是孤立的，而是综合起作用的。

1. 温度与昆虫发生之间的关系

温度是影响昆虫的重要环境因子。昆虫是变温动物，体温随环境温度的高低而变化。体温的变化可直接加速或抑制代谢过程。因此，昆虫的生命活动直接受外界温度的支配。

昆虫正常生长发育、繁殖的温度范围，称有效温度范围。在温带地区通常为8～40℃，最适温度为22～30℃。有效温度的下限称发育起点，一般为8～15℃。有效温度的上限称临界高温，一般为35～45℃。在发育起点以下若干度，昆虫便处于低温昏迷状态，称为亚致死低温区，一般为8～-10℃。亚致死低温以下昆虫会立即死亡，称致死低温区，一般为-10～-40℃。在临界高温以上，昆虫处于昏迷状态，叫亚致死高温区，一般为40～45℃。在亚致死高温以上昆虫会很快死亡，称致死高温区，通常为45～60℃。昆虫因高温致死的原因，是体内水分过度蒸发和蛋白质凝固所致；昆虫因低温致死的原因，是体内自由水分结冰，使细胞遭受破坏所致。

2. 湿度与昆虫发生之间的关系

水是生物有机体的基本组成成分，是代谢作用不可缺少的介质，一般昆虫体内水分的含量占体重的46%～92%。不同种类的昆虫、同种昆虫的不同虫态及不同的生理状态，虫体的含水量都不相同。通常幼虫体内的含水量最高，越冬期含水量较低。昆虫体内的水分主要来源于食物，其次为直接饮水、体壁吸水和体内代谢水。体内的水分又通过排泄、呼吸、体壁蒸发而散失。如果昆虫体内水分代谢失去平衡，就会影响正常的生理机能，严重时会导致死亡。一些刺吸式口器害虫（如蚧虫、蚜虫、叶蝉及叶螨等）对大气湿度变化并不敏感，即使大气非常干燥，也不会影响它们对水分的要求。如天气干旱时寄主汁液浓度增大，提高了营养成分，有利害虫繁殖，所以这类害虫往往在干旱时为害严重。一些食叶害虫，为了得到足够的水分，常于干旱季节猖獗为害。

降雨不仅影响环境湿度，也直接影响害虫发生的数量，其作用大小常因降雨时间、次数和强度而定。春季雨后有助于一些在土壤中以幼虫或蛹越冬的昆虫顺利出土；而暴雨则

对一些害虫（如蚜虫、初孵蚧虫以及叶螨等）有很大的冲杀作用，从而大大降低虫口密度；阴雨连绵不断影响一些食叶害虫的取食活动，而且易造成致病微生物的流行。

3. 光照与昆虫发生之间的关系

昆虫的生命活动和行为与光的性质、光强度和光周期有密切的关系。

（1）昆虫对光的性质反应。光是一种电磁波，因波长不同，显示各种不同的颜色。昆虫辨别不同波长光的能力和人的视觉不同。人眼可见的波长范围为 800 ~ 400 nm，大于 800 nm 的红外光和小于 400 nm 的紫外光，人眼均不可见。昆虫的视觉能感受 700 ~ 250 nm 的光。但多偏于短波光，许多昆虫对 400 ~ 330 nm 的紫外光有强趋性，因此，在测报和灯光诱杀方面常用黑光灯（波长 365 nm）。蚜虫对 600 ~ 350 nm 黄色光有反应，所以白天蚜虫活动飞翔时利用“黄色诱盘”可以诱其降落。

（2）昆虫对光强度的反应。光强度对昆虫活动和行为的影响，表现在昆虫的日出性、夜出性、趋光性和背光性等昼夜活动节律的不同。例如蝶类、蝇类、蚜类喜欢白昼活动；夜蛾、蚊子、金龟甲等喜欢夜间活动；蛾类喜欢傍晚活动；有些昆虫则昼夜均活动，如天蛾、大蚕蛾、蚂蚁等。

（3）昆虫对光周期的反应。光周期是指昼夜交替时间在一年中的周期性变化，对昆虫的生活起着一种信息作用。许多昆虫对光周期的年变化反应非常明显，表现在昆虫的季节生活史、滞育特性、世代交替以及蚜虫的季节性多型现象等。

4. 土壤与昆虫发生之间的关系

土壤是昆虫的一个特殊生态环境，一些昆虫一生中以某个虫态在土壤中生活，一些昆虫则是终生在土壤中生活，如蝼蛄、蟋蟀、金龟甲、地老虎、叩头甲等。还有许多昆虫一年中的温暖季节在土壤外面活动，而到冬季即以土壤为越冬场所。因此，土壤温湿度、土壤结构、土壤酸碱度与昆虫的生命活动有密切的关系。

由于太阳辐射、降水和灌溉、耕作等各种因素的影响，土壤表层温、湿度的变化很大，越向深层变化越小。随土壤日夜温差和一年内温度变化的规律，生活在土壤中的昆虫，常因追求适宜的温度条件而作规律性的垂直迁移。一般秋天土温下降时，土内昆虫向下移动；春天土温上升时，则向上移动到适温的表土层；夏季土温较高时，又潜入较深的土层中。在一昼夜之间也有其一定的活动规律，如蛴螬、小地老虎夏季多于夜间或清晨上升到土表，中午则下降到土壤下层。生活在土壤中的昆虫，大多对湿度要求较高，当湿度低时因失水而影响其生命活动。土壤结构及土壤酸碱度也影响昆虫的活动。如蝼蛄喜欢生活在含沙质较多而湿润的土壤中，在黏性板结的土壤中很少发生。金针虫喜欢在酸性（pH 值为 5 ~ 6）土壤中活动。了解这些特点，可以通过土壤垦复、施肥、灌溉等各种措施，改变土壤条件，达到减轻植物受害和控制害虫的目的。

学习单元2　常见园林植物虫害识别

学习目标

→了解常见园林植物害虫的发生规律
→熟悉常见园林植物害虫的危害症状
→掌握常见园林植物害虫的形态特征
→能够识别常见园林植物害虫

知识要求

一、常见食叶性害虫识别

1. 丽绿刺蛾（*Latoia lepida*）（见图2—1）

幼虫

成虫

图2—1　丽绿刺蛾

丽绿刺蛾又称青刺蛾、绿刺蛾、梨青刺蛾，是鳞翅目刺蛾科害虫，分布于江苏、浙江、上海、河北、江西、广东、广西、贵州、四川、云南、安徽、湖南、重庆等地，主要危害悬铃木、珊瑚树、榆树、香樟、枫香、紫荆、桂花、刺桂等园林植物。

【形态特征】成虫前翅绿色，前缘基部有一深褐色尖刀形斑纹，外缘有褐色带，后缘毛长；后翅内半部黄色稍带褐色。胸、腹部黄褐色。卵椭圆形，米黄色。老熟幼虫体翠绿色，头褐色，老熟时有一不连续的蓝色背中线和几条背带线，腹部末端有四丛蓝黑色刺毛。茧黑褐色，椭圆形。

【生物学特性】江苏、浙江、上海一年发生两代，以老熟幼虫在枝干上结茧越冬。次年4~5月化蛹，5月中旬至6月上旬，8月上旬至9月中旬为第一、第二代成虫羽化、产卵期。成虫有强趋光性。卵集中产于嫩叶背面，呈鱼鳞状排列。初孵幼虫仅取食叶肉及下表皮，留上表皮，三龄以下后咬穿表皮，五龄后取食全叶。幼虫共七龄，喜群集，五龄后逐渐分散。老熟幼虫于树皮缝、树干基部等处结茧，第一代有些结茧于叶背。6~9月常出现流行病，此为颗粒病毒所致，对抑制丽绿刺蛾大发生起到很好的作用。

【防治方法】（1）人工防治：根据初孵幼虫具群集取食特性，对被害处呈白色或半透明状的叶片作重点检查，对具有大量幼虫的叶片、枝条及时摘除；在被害寄主根际近表土层中挖掘丽绿刺蛾虫茧，集中销毁。（2）灯光诱杀：成虫羽化期用黑光灯诱杀。（3）生物防治：在幼虫期施用苏云金杆菌BT制剂、青虫菌、杀螟杆菌、白僵菌或大袋蛾核型多角体病毒等微生物农药进行防治；保护上海青蜂、刺蛾广肩小蜂、赤眼蜂、姬蜂等天敌或人工饲养针对性释放。（4）药剂防治：选择特异性杀虫剂1.2%除虫脲（灭幼脲1号）8 000~10 000倍液，或20%米满悬浮剂1 500~2 000倍液对幼虫进行喷洒；也可选用植物性杀虫剂0.36%百草1号苦参碱水剂1 000~1 500倍液，或1.2%烟参碱乳油800~1 000倍液等对幼虫进行喷洒。

2. 小蓑蛾（*Acanthopsyche sp.*）（见图2—2）

小蓑蛾是鳞翅目蓑蛾科害虫，分布于安徽、江苏、上海、浙江、江西、福建、湖南、湖北、四川等地，危害重阳木、香樟、悬铃木、银杏、刺槐、三角枫、柳、榆、紫荆、西府海棠等植物。

图2—2　小蓑蛾

【形态特征】雌雄形态不同。雌虫体纺锤形，赤褐色。头小，胸、腹部黄白色，胸部稍向下弯曲，各胸节背板均为咖啡色。雄虫体茶褐色，体表被有白色鳞毛，触角羽状，前翅茶褐色，后翅淡茶褐色。卵椭圆形，乳黄色。老熟幼虫体乳白色。雌蛹纺锤形，黄色；雄蛹褐色。虫茧纺锤形，茧外附有叶片和枝条的碎片。

【生物学特性】上海一年发生两代，以3~4龄幼虫在袋囊内越冬。次年3月开始活动取食，5月中旬至6月上旬化蛹，5月下旬至6月下旬第一代成虫羽化，交尾产卵。6月中旬幼虫孵化，7月下旬至8月中旬幼虫在虫囊内化蛹，8月上旬至8月下旬第二代成虫羽化。8月中旬至9月上旬产卵，8月下旬初孵幼虫继续为害。

【防治方法】人工摘除袋囊。设置黑光灯诱杀成虫。幼虫期喷洒无公害药剂，如灭幼脲2 000倍液。保护天敌，如追寄蝇、姬蜂等。

3. 咖啡透翅天蛾（*Cephonodes hylas*）（见图2—3）

咖啡透翅天蛾又称黄枝花天蛾，是鳞翅目天蛾科害虫，分布于四川、云南、西藏、广东、广西、台湾、江西、湖南、湖北、江苏、福建、上海、浙江等地，危害栀子花、大叶黄杨、咖啡等。

【形态特征】成虫体黄绿色。触角黑色，翅透明，翅基部绿色，翅脉及翅缘棕红色。卵近球形，淡绿色。幼虫黄绿色至深绿色，背线深绿色，亚背线白色，蛹褐色。

幼虫

成虫

图2—3　咖啡透翅天蛾

【生物学特性】上海一年发生四代，以蛹在土中越冬。次年4月下旬羽化。第二至第四代成虫分别出现在6月、8月和10月。成虫羽化后10 h交尾产卵，卵多散产于隐蔽的嫩叶、花蕾、花瓣、嫩枝上。卵期3～5天。初孵化幼虫吃掉卵壳，然后取食嫩叶，高龄后食量增加，将叶吃光。幼虫期约45天。老熟幼虫爬下植株，入土作土室化蛹。

【防治方法】①利用成虫趋光性，用黑光灯诱杀。②人工捕捉，翻土灭蛹。③保护及利用小茧蜂、黑卵蜂、螳螂、茧蜂、黄胡蜂、绒茧蜂、长期胡蜂等，以及招引鸟类啄食。④药物防治：三龄前喷药，可提高药效。可用25%灭幼脲3号1 500～2 000倍液，或0.36%百草一号1 000倍液喷洒。

4. 丝绵木金星尺蛾（*Calospilos suspecta*）（见图2—4）

丝绵木金星尺蛾又称大叶黄杨尺蛾，是鳞翅目尺蛾科害虫，分布上海、东北、华北、西北等地，危害丝棉木、卫茅、大叶黄杨、杨、榆、柳、槐等植物。

【形态特征】成虫头、胸、腹大部分为红色；前、后翅黑色。卵圆形，稍扁。幼虫体

卵

成虫

图 2—4　丝绵木金星尺蛾

具枝刺，老熟幼虫体肉红色，背线淡黄色；有大小不等的两个黑斑，亚背线上各体节各有一个椭圆形黑斑；中、后胸各有枝刺 10 个。茧黄白色。

【生物学特性】一年发生四代，以蛹在土深 2～3 cm 处越冬。5 月下旬为成虫羽化盛期，成虫均在夜间羽化，有较强的趋光性，白天都栖息在树冠、枝、叶间。一般羽化后第二天即产卵，卵呈块状产于叶背、枝干及裂缝处。初孵幼虫体黑色群集为害，三龄后食量大大增加，食全叶。第一代幼虫发生期为 5 月下旬至 6 月中旬，第二代幼虫发生期 7 月上旬至 7 月下旬。

【防治方法】①秋冬季结合营林和清园，进行土壤深翻以清灭部分越冬虫源。②保护胡蜂、土蜂、寄生蜂、麻雀等天敌。③利用黑光灯诱杀成虫。④药剂防治：在幼虫低龄时用25%灭幼脲 3 号 2 000 倍液，或 0. 36%苦参碱水剂 1 000 倍液，或灭蛾灵 1 000 倍液喷洒。

5. 黄尾毒蛾（*Euproctis similis*）（见图 2—5）

黄尾毒蛾又称桑毛虫、盗毒蛾、金毛虫、桑毒蛾、黄尾白毒蛾，是鳞翅目毒蛾科害虫，分布于东北、华北、西北、华东、华南、西南等地，危害桑树、柳、杨、枫杨、梅、茶、海棠及多种蔷薇科植物。

【形态特征】成虫前翅后缘有两个黑褐色斑纹。雌蛾腹末具有较长黄色绒毛。卵扁圆形，灰白色，

图 2—5　黄尾毒蛾

上覆黄毛。老熟幼虫体黄色，背线红色，亚背线黑褐色。蛹黄褐色。

【生物学特性】苏、浙、沪一年发生三代，少数四代，以2~3龄幼虫在枝干裂缝、枯枝落叶上结茧越冬，次年4月上旬幼虫开始取食，5月下旬化蛹，6月上旬成虫开始羽化，不久交尾产卵。每次产卵400多粒，成块状。卵期4~7天。初孵幼虫群集为害，食叶背表皮和叶肉，三龄后分散取食，危害严重时仅留叶脉。随虫龄增大，体上毒毛增多。幼虫具有假死性。幼虫危害盛期分别为6月上旬、7月下旬至8月上旬、9月中下旬。10—11月开始进入越冬期。

【防治方法】①秋、冬季可结合清园破坏越冬场所，消灭部分越冬幼虫。②利用黑光灯诱杀成虫。③药剂防治：在幼虫低龄期可用0.36%苦参碱水剂1 000倍液，或25%灭幼脲3号1 500倍液，或1%的阿维菌素2 000倍液等喷洒。④利用天敌，如广大腿小蜂、金小蜂等。

6. 淡剑袭夜蛾（*Sidemia depravata*）（见图2—6）

淡剑袭夜蛾又称淡剑夜蛾、淡袭夜蛾、稻小灰夜蛾，是鳞翅目夜蛾科害虫，分布华北、华中以及陕西、辽宁、吉林、江苏、上海、江西、湖北等地，危害高羊茅、熟禾、马尼拉草等禾本科植物，上海地区以高羊茅受害最重。

【形态特征】成虫前翅灰褐色，外缘线有一列黑点；后翅淡灰褐色。卵馒头形。幼虫淡绿色。蛹红褐色。

【生物学特性】一年发生代数因地区差别而不同，辽宁、河北、陕西等地一年发生两代，河南、江西等地一年发生二三代；以蛹越冬。成虫于次年5—6月间出现，有较强的趋光性。二代幼虫分别出现于6月、8—9月。初龄幼虫群集为害，稍大后分散，沿叶缘取食，造成缺刻。老熟幼虫于树干上啃树皮为屑缀作粗茧，化蛹越冬。

图2—6　淡剑袭夜蛾

【防治方法】①药杀低龄幼虫：对食性杂、危害大的虫害应做好虫情监测，抓紧时间在两龄前进行防治。药剂可用0.36%百草1号1 000倍液，或25%灭幼脲3号2 000倍液喷洒。虫龄较高时，可用10%除尽悬浮剂1 500~2 000倍液，或5%米满2 000倍液喷洒。②根据夜蛾活动特点进行防治。时间宜掌握在16~19时害虫外出取食期间进行喷药，效

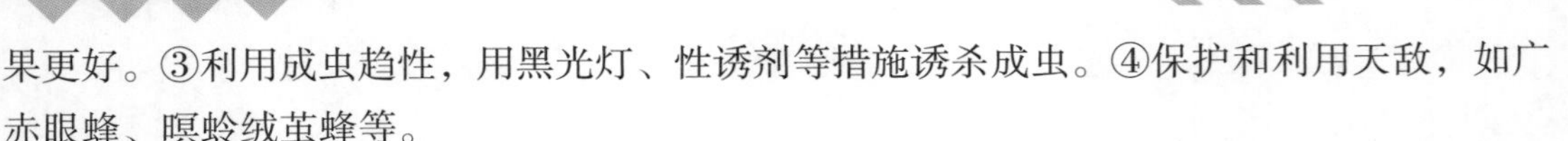

果更好。③利用成虫趋性，用黑光灯、性诱剂等措施诱杀成虫。④保护和利用天敌，如广赤眼蜂、螟蛉绒茧蜂等。

7. 杨二尾舟蛾（*Cerura menciana*）（见图 2—7）

杨二尾舟蛾又称双尾天社蛾、杨双尾舟蛾，是鳞翅目舟蛾科害虫，分布于东北、华北、华东，主要寄主为杨、柳。

【形态特征】成虫体灰白色，前后翅脉纹黑色或褐色，上有整齐的黑点和黑波纹，前翅基部有两个黑点，外缘排列有八个黑点，后翅白色，外缘排列有七个黑点。卵半球形、黄绿色。老熟幼虫体色灰褐色。蛹褐色，近纺锤形。茧椭圆形，坚硬。

卵　　成虫

图 2—7　杨二尾舟蛾

【生物学特性】上海一年发生两代，以蛹在树干特别是近基处的茧内越冬。第一代成虫出现于 5 月中旬，第二代为 7 月上中旬。成虫有趋光性，卵散产在叶面上。初孵幼虫体黑色，非常活泼，幼虫受惊时尾突翻出红色管状物，并不断摇摆。老熟时呈紫褐色或绿褐色，体较透明，爬到树干上（多半在干基部）咬破树皮和木质部吐丝结成坚实硬茧，贴紧树干。结茧后，幼虫经 3～10 天化蛹越冬。

【防治方法】①加强栽培管理，冬季深翻，可消灭一部分越冬蛹，减少虫源量。②根据幼龄幼虫群集的习性，可采取人工摘除的方法杀灭部分卵和初孵幼虫。③幼虫期喷施 Bt、灭幼脲或植物类百草 1 号、烟参碱等无公害农药。④灯光诱杀。⑤尽量减少化学农药的使用，保护利用天敌。在幼虫发生期，释放周氏啮小蜂可对周蛾特别是杨小舟蛾和分月扇蛾有较高的寄生率。

8. 曲纹紫灰蝶（*Chilades pandava*）（见图 2—8）

曲纹紫灰蝶又称苏铁绮灰蝶、苏铁小灰蝶，是鳞翅目灰蝶科害虫，分布于陕西、四川、江西、福建、广西、广东、贵州、云南、台湾，主要危害苏铁。

【形态特征】成虫触角棒状，各节基部白色。体表黑色，雄蝶翅正面呈蓝灰白色，外缘灰黑色；雌蝶呈灰黑色，前翅外缘黑色，后翅外缘有细的黑白边。后翅尾突细长，端部白色。老熟幼虫扁椭圆形，身被短毛，体色青绿或紫红色。蛹短椭圆形。

图 2—8　曲纹紫灰蝶

【生物学特性】一般每年发生6~7代，7—10 月是其危害盛期。第一代幼虫孵化于6月上中旬，常见十几头甚至几十头、上百头幼虫群集于新叶上为害，以至羽叶刚抽出即已被食害，最后只剩残缺不全的叶轴与叶柄伸长，或叶柄中空干枯，严重影响苏铁的生长和观赏价值。

【防治方法】①冬季做好清园修剪工作，减少越冬虫源。②成虫高峰期进行人工捕捉。③生物防治：在幼虫期，喷施每毫升含孢子 100×10^8 以上的青虫菌粉或浓缩液 400~600 倍液，加 0.1% 茶饼粉以增加药效；或喷施每毫升含孢子 100×10^8 以上的 Bt 乳剂 300~400 倍液。收集患质型多角体病毒病的虫尸，经捣碎稀释后，进行喷雾，使其感染病毒病，也有良好效果。将捕捉到的老熟幼虫和蛹放入孔眼稍大的纱笼内，使寄生蜂羽化后飞出继续繁殖寄生，对害虫起克制作用。④药剂防治：低龄幼虫期喷 1 000 倍的 20% 灭幼脲 1 号胶悬剂。虫口密度较高时，可使用 40% 敌马乳油或 50% 杀螟松、90% 敌百虫晶体 800~1 000 倍液。

9. 蔷薇叶蜂（*Arge pagana*）（见图 2—9）

蔷薇叶蜂又称玫瑰三节叶蜂、月季叶蜂、黄腹蜂，是膜翅目叶蜂科害虫，分布于上海、湖南、湖北、北京、山东等地，危害月季、蔷薇、玫瑰等花木。

【形态特征】成虫体蓝黑色。卵椭圆形，初为淡黄色，后变为绿色。幼虫体长 20 mm左右，初孵化时淡绿色，老熟时变为黄褐色。蛹乳白色，椭圆形。茧丝质，淡黄色。

图 2—9　蔷薇叶蜂

【生物学特性】一年发生两代，以老熟幼虫在被害植株附近草丛或浅土层中结薄茧越冬。次年5—6月羽化，成虫白天活动，夜间静栖在叶片上。卵大多散产于新叶、嫩梢表皮内，也可用产卵器锯开枝条深达木质部，形成纵向裂口后产卵于内。产卵处发黑。卵期约一周。第一代幼虫7月中旬老熟。8月中旬为第二代幼虫危害盛期，10月初幼虫陆续入土越冬。幼龄幼虫有群集性。

【防治方法】①结合越冬深翻，可消灭土中部分虫茧。②保护和利用天敌，如蜘蛛、蚂蚁等。③加强对第一代幼虫的防治，可用25%灭幼脲3号2 000倍液，或0.36%苦参碱水剂1 000倍液，或苏立保1 000倍液喷洒。

10. 短额负蝗（*Atractomorpha sinensis*）（见图2—10）

短额负蝗又称尖头蚱蜢，是直翅目尖蝗科害虫，分布于长江流域。危害一串红、三色堇、月季、菊花、栀子花、鸢尾等植物。

【形态特征】成虫体淡绿、褐、淡黄等色。前翅绿色，后翅基部红色。端部绿色。卵乳白色，弧形，有黄褐色分泌物封固。幼虫初孵化若虫体淡绿色，体上有白色斑点。复眼黄色，前、中足紫红色斑点呈鲜明的红绿色。

图2—10　短额负蝗

【生物学特性】一年发生两代，以卵在土中越冬。越冬卵次年4月下旬开始孵化，5—6月为孵化盛期，5月下旬至7月下旬第一代成虫羽化，第二代若虫6月下旬至8月中下旬开始孵化危害，8月中旬至10月中下旬羽化，11月下旬至12月中旬产卵越冬。成虫、幼虫躲在枝叶上取食，喜群集危害。卵成块产于荒地杂草较少的土壤中，外包胶质物。

【防治方法】（1）在幼虫群集危害时期，可人工捕杀；利用负蝗产卵的选择性和集中性，可挖掘消灭。（2）化学防治：选用75%杀虫双乳剂1 000～1 500倍液喷洒。低龄幼虫集中取食时，及时喷洒2.5%敌百虫粉剂。

11. 铜绿丽金龟（*Anomala corpulenta*）（见图2—11）

铜绿丽金龟又名铜绿金龟子、青金龟子、淡绿金龟子，属鞘翅目丽金龟科害虫，分布于江苏、浙江、上海、甘肃、宁夏、山东、河北等地。幼虫（蛴螬）危害草坪，可使草坪根部脱离土壤，草坪大面积枯黄，可轻松拔起。成虫主要危害杨、柳树、榆树、海棠、梅、桃、松、柏、樱花、女贞、蔷薇、梓树，成虫常聚集于树上取食叶片，致使叶片残缺不全甚至仅留叶柄，严重影响园林植物的生长及景观。

卵

成虫

图 2—11　铜绿丽金龟

【形态特征】成虫体背为铜绿色，有金属光泽。鞘翅铜绿色，上有三条不甚明显隆起线。卵椭圆形，淡黄色。老熟幼虫头黄褐色，胸部乳白色。裸蛹。

【生物学特性】一年一代，以三龄幼虫在土中越冬。次年 5 月开始化蛹，6—7 月成虫出土危害，到 8 月下旬终止。成虫多在傍晚飞出，具有较强的趋光性和假死性，成虫 6 月中旬开始陆续产卵，卵多散产于疏松的土壤内。幼虫于 8 月出现，11 月进入越冬期。成虫喜栖息疏松、潮湿的土壤里，深度一般约 7 cm。

【防治方法】①在成虫危害期，约 6 月上中旬前后，喷施杀虫剂，如烟参碱等，利用成虫的假死性，于傍晚震落枝条捕杀。②利用成虫的趋光性，用黑光灯诱杀。③土壤处理，用 5% 辛硫磷颗粒剂，每公顷 30 kg。

12. 大叶黄杨斑蛾（*Pryeia sinica*）（见图 2—12）

大叶黄杨斑蛾又称大叶黄杨长毛斑蛾，是鳞翅目斑蛾科的害虫，分布于华东、华北地区，危害丝棉木、大叶黄杨、冬青卫矛、大花卫矛、金边冬青卫矛、银边冬青卫矛等。

图 2—12　大叶黄杨斑蛾

【形态特征】成虫体黑；前翅近基部浅黄色，后翅颜色略淡；腹部橘黄色，胸和腹部两侧有橘黄色长毛。老熟幼虫体浅黄绿色。茧灰白或浅黄褐色。

【生物学特性】一年发生一代，以卵在枝上越冬。次年 3 月中旬卵孵化，幼虫食叶危害，4 月中旬老熟幼虫在地面结茧化蛹、越夏，11 月中旬成虫羽化，交尾产卵。

【防治方法】①结合修剪，剪除有卵枝梢和有虫枝叶。冬季清除园内枯枝落叶以消灭越冬虫茧。②药剂防治：幼虫发生期用 1.2% 烟参碱乳油 800～1 000 倍液，或 1% 杀虫素乳油 2 000～2 500 倍液喷雾防治。

二、常见刺吸性害虫识别

1. 绿绵蚧（*Chlorpulvinaria floccifera*）（见图 2—13）

绿绵蚧是同翅目蚧科害虫，分布于华东、华南、华中、西南地区，主要危害茶科、冬青科、卫茅科、桑科、无患子科、松科、杉科等 20 多科植物。

【形态特征】雌成虫体长椭圆形或者卵形，扁平，虫体绿色或褐色，背中有黄色纵带一条。雄成虫体黄色，腹末交尾器刺状，具白色长蜡丝一对。卵囊白色，棉絮状，狭长筒状。初孵若虫扁平、椭圆，淡黄色，腹末有蜡丝两条。蛹长椭圆形，黄白色。

图 2—13　绿绵蚧

【生物学特性】上海一年发生两代，以成、若虫寄生于枝叶上危害，严重时叶片枯萎早落，树势衰落，并诱发煤污病。以两龄若虫在寄主的枝干等处越冬。次年 4 月中旬开始雌雄分化，5 月上旬雄蛹全部羽化为成虫，从羽化开始到进入羽化高峰仅 3 天。雌成虫受精后虫体迅速膨大，同时虫体由扁平迅速呈馒头状。雌成虫孕卵后，在气门处即开始分泌白色粉状蜡质，虫体变成紫红色，随即由枝干向叶背面迁移，在叶片与虫的接触部位开始分泌少量的蜡质，这是绿绵蚧开始产卵的标志。雌成虫 5 月初开始产卵，延续到 6 月上旬。若虫孵化期在 5 月中旬至 6 月上旬。11 月中旬起以两龄若虫越冬。

【防治方法】①人工防治：随时检查，用手或镊子捏去雌虫和卵囊，或剪去虫枝、叶。②保护或引放大红瓢虫、澳洲瓢虫，捕食绿绵蚧。③药物防治：在初孵若虫转移期，可喷施40%氧化乐果1 000倍液，或50%杀螟松1 000倍液，或用普通洗衣粉400～600倍液，每隔两周左右喷一次，连续喷3～4次。

2. 纽绵蚧（*Takahashia japonica*）（见图2—14）

纽绵蚧又称日本纽绵蚧，是同翅目蚧科害虫，主要危害合欢、桑、槐、重阳木、三角枫、枫香、榆、朴树等多种园林植物。

【形态特征】雌成虫体卵圆形，体背有黄白色、带红褐色纵条，背部隆起，老熟时从腹部下面形成绳状卵囊。卵囊较长，白色，棉絮状，具纵行细线状沟纹，一端固着在植物体上，另一端固着在虫体腹部，中段悬空呈扭曲状。若虫长椭圆形淡黄色，扁平。

图2—14　纽绵蚧

【生物学特性】上海一年发生一代，以若虫和雌成虫吸汁危害，尤其在嫩枝上危害严重。以受精雌成虫在枝条上越冬；于次年4月中旬初次产卵，卵孵化盛期在5月下旬。孵化的不同阶段与植物有明显的相关性，孵化初期为合欢的始叶期、金丝桃的始花期至末花期。寄生性天敌有跳小蜂，捕食性天敌有红点唇瓢虫和异色瓢虫等。

【防治方法】剪除虫囊。在盛孵期喷洒花保100倍液，每10天一次，喷3～4次。

3. 白蜡蚧（*Ericerus pela*）（见图2—15）

白蜡蚧是同翅目蚧科害虫，危害冬青属、白蜡树属、漆树属和木槿属等植物，上海地区主要危害女贞、小叶女贞和金叶女贞。

【形态特征】雌成虫半球形，虫体腹面膜质、触角六节，其中第三节最长。足小，转节的刺毛较长。

图2—15　白蜡蚧

跗节和胫节的长度略相等。爪具小齿，爪冠毛顶端膨大。胸气门发达，气门口较宽。气门腺路由五孔腺组成，数量很多。气门刺常有 11 根，圆锥形，顶端较钝，长短不一，其中有几根较长而强劲。多孔腺分布在虫体腹面的腹中部，数量较多而密集。管状腺发达，分布于虫体背、腹两面，在腹面主要分布在虫体边缘，数量很多，形成宽带。虫体背面分布有短而粗的圆锥形小刺，其顶端尖锐。

【生物学特性】一年发生一代，以受精雌成虫在枝条上越冬。次年 4 月上中旬雌成虫产卵，平均气温达 18℃左右时开始孵化。上海地区白蜡蚧若虫的孵化始、盛、末期基本上与小叶女贞开花的始、盛、末期相吻合。若虫固定后即泌蜡，寄主枝条被白色蜡质环包呈棒状。

【防治方法】①结合修剪，剪去部分虫口较密集枝条。②虫口数量较少时可用毛刷刷除虫。③根据物候，在小叶女贞花期喷花保 100 倍液，每周一次，细喷 3 ~ 4 次。

4. 草履蚧（*Drosicha corpulenta*）（见图 2—16）

草履蚧又名草鞋蚧，属同翅目珠蚧科害虫，分布于东北、华北、华东、华南等地，危害珊瑚、枫杨、红叶李、八角金盘、泡桐、白蜡、广玉兰、罗汉松等植物。

【形态特征】成虫雌雄异形，雌成虫体扁，被白色蜡粉，形似草鞋状；雄成虫紫红色，翅一对，紫黑色；若虫灰褐色，形似雌成虫。

【生物学特性】华东、华北一年发生一代。以卵在枯枝落叶或土表下越冬。江浙沪地区次年 1 月卵开始孵化，孵化期可达到一个多月，上芽危害高峰期一般在 2—3 月间，恰好是珊瑚叶芽开裂和展叶始期，这正是药剂防治的有利时机。5 月上旬成虫交配，下树产卵。

【防治方法】①保护有利天敌昆虫。草履蚧的优势天敌昆虫有红环瓢虫、黑缘红瓢虫等。②注意物候观察，掌握在珊瑚叶芽开裂和展叶始期，用植物保护剂花保 100 倍液或 10% 吡虫啉 1 000 倍液、杀虫素 1 500 倍液喷洒。

5. 紫薇绒蚧（*Eriococcus largostroemiae*）（见图 2—17）

紫薇绒蚧又称石榴刺粉蚧、石榴绒蚧，属同翅目绒蚧科害虫，分布于江苏、浙江、上海、北京、天津、山东、山西、辽宁等地，主要危害紫薇、石榴、桑等植物。

【形态特征】雌成虫体暗紫色，被蜡粉，周边有刺状白蜡丝，每侧 18 根；雄成虫体紫红色。若虫紫红色，身体周边有刺突。

【生物学特性】一年发生三代，以成虫越冬。以雌成虫和若虫在芽腋、叶片和枝条上吮吸汁液危害，造成枝叶发黑，叶片脱落，影响植株的生长发育，诱发煤污病。卵孵化期分别为 3 月中下旬、5 月下旬至 6 月上旬、8 月上旬。孵化后的若虫沿寄主枝条爬行，在缝隙处固定刺吸危害。

图 2—16　草履蚧

图 2—17　紫薇绒蚧

【防治方法】①结合冬季修剪，剪除部分有虫枝条。②用毛刷刷除枝条及枝干上的虫体。③若虫孵化期以花保 80 ~ 100 倍液细喷，每周一次，喷 2 ~ 3 次。④注意保护天敌红点唇瓢虫。

6. 石楠盘粉虱（*Aleurodicus photiniana*）（见图 2—18）

石楠盘粉虱属同翅目粉虱科害虫，分布于上海，目前仅发现在石楠上危害。

图 2—18　石楠盘粉虱

【形态特征】成虫体乳黄色，越冬代成虫翅面常具有黑色斑纹。若虫分三个龄期，椭圆形，初为浅绿色，扁平透明，后期乳黄色，不透明；两、三龄若虫触角、足退化，营固定生活；四龄若虫（蛹）椭圆形，乳黄色，蜡腺孔发达，能分泌大量蜡质，体背两侧各有四对蜡腺孔，呈“凹”字形，尾部一对，圆形。

【生物学特性】上海一年发生三代，以蛹在石楠叶片背面越冬。以若虫和蛹在叶背刺吸汁液危害。被害石楠叶片发黄，虫体自身分泌的蜜露及大量的蜡粉，导致煤污病，严重影响石楠的生长及景观。4 月中旬开始羽化。第一代卵于 5 月上旬开始孵化。第二、第三代卵分别出现在 7 月、9 月。10 月下旬出现第三代蛹，随后越冬。

【防治方法】①人工灭虫。由于该粉虱分泌大量白色蜡质物，极容易被发现，可人工摘除有虫叶片销毁。②诱杀成虫。在成虫期采用黄胶板诱杀成虫，或采用双光（黄光 + 黑光）高压诱杀灯诱杀成虫。③保护和利用天敌。如草蛉、瓢虫、细蜂和捕食螨等。其中以细蜂为优势种，其寄生率可达到 32. 27%。④药剂防治。在 4 月成虫发生期和卵孵化期，喷施 20% 康福多（一遍净）6 000 倍液防治。

7. 黑刺粉虱（*Aleurocanthus spiniferus*）（见图 2—19）

黑刺粉虱又称桔刺粉虱，是同翅目粉虱科害虫，分布于上海、浙江、江苏、福建、江西、山东、广西、广东、湖南、湖北、吉林、四川、贵州等地，危害蜡梅、月季、丁香、桃、山茶、牡丹、柑橘、常绿油麻藤、香樟等植物。

图 2—19　黑刺粉虱

【形态特征】成虫头胸部黑褐色，腹部橙红色，前翅紫褐色，翅的边缘和翅面约有八个不规则的白斑。若虫有四个龄期，背刺随龄期的增加而增加，分别是 3 对、10 对、13 对、29 对，各龄若虫体色均为黑色有光泽，体缘分泌一圈白色蜡状物。

【生物学特性】上海一年发生三代，主要以四龄若虫（又称蛹）在叶片背面越冬。次年 4 月中下旬羽化。成虫喜产卵于嫩叶背面，第一代发生期在 5 月上旬到 7 月、第 2 代 7 月到 8 月底、第 3 代 9 月下旬到 11 月，以后进入越冬期。天敌主要有刺粉虱异足细蜂、长腹扑虱小蜂、黄色跳小蜂等。

【防治方法】①粉虱成虫对黄色有强烈的趋性，可用黄色板进行诱杀成虫。②初见各类粉虱危害时，结合修剪，剪除带虫老叶，可以减少和控制虫口数量和扩散蔓延。③保护和利用天敌。④药剂防治可用 10% 吡虫啉可湿性粉剂 2 000 倍液，或 25% 扑虱灵可湿性粉剂 2 500 倍液，或 20% 杀灭菊酯 2 000 ~ 3 000 倍液等，一般在成虫或一、二龄若虫发生期喷药防治，重点控制越冬代成虫及第一代若虫。

8. 海桐木虱（*Thysanogyna limbata*）（见图 2—20）

海桐木虱又名梧桐木虱，属同翅目木虱科害虫，分布于华北、华东、华中和西北等地，在上海发现危害海桐。

【形态特征】成虫头黄色，腹部绿色。前翅透明，脉黄色，后翅透明，布满翅刺。若虫共有五个龄期，长椭圆形，乳白至乳黄色，五龄若虫腹部绿色，眼点红色。

图 2—20　海桐木虱

【生物学特性】上海一年至少发生三代。成虫具有一定的飞翔能力，繁殖力强。主要危害海桐嫩梢，受害后叶片向正面纵向卷曲，危害严重时可引起煤污病。

【防治方法】①消灭虫源。冬季喷施石硫合剂 100 倍液，消灭越冬卵，尤其树皮裂缝重点防治。②保护天敌。如草蛉、寄生蜂等天敌。③药剂防治。若虫初孵和成虫羽化期喷施烟参碱 1 000 倍液防治。

9. 合欢羞木虱（*Acizzia jamatomica*）（见图 2—21）

合欢羞木虱属同翅目木虱科害虫，分布于浙江、上海、山东、辽宁、北京、山西、河北、河南、陕西、甘肃、宁夏、贵州、安徽、湖北、湖南等地，危害合欢、山槐、梨、苹果等植物。

图 2—21　合欢羞木虱

【形态特征】成虫体绿色至黄绿色、黄色，越冬个体则变为褐色至深褐色。触角黄色至黄褐色，头与胸约等宽。前翅长为宽的 2.4 ~ 2.5 倍，前翅长椭圆形，翅痣长三角形，后翅长为宽的 2.7 ~ 3.0 倍。

【生物学特性】上海地区一年发生三四代，以成虫越冬。开春后产卵于芽苞上，5 月上旬至 6 月上旬为危害高峰期。若虫孵化后群集在嫩梢和新叶背面刺吸危害，若虫腹末分泌一条白色的蜡丝，虫口密度高时叶背布满蜡丝，叶面和树下灌木易诱发煤污病，影响生长和开花，污染环境。秋季也有一个危害高峰。受其危害，植株叶片易脱落，嫩叶易折断。

【防治方法】①苗木调运时加强检疫工作，防止虫害传播。②冬季剪除带卵枝及清除枯枝落叶，消灭越冬虫卵。③药剂防治：若虫期喷洒 1.2% 烟参碱 1 000 倍液，或 10% 吡虫啉可湿性粉剂 2 000 倍液，或 1% 杀虫素乳油 1 500～2 000 倍液喷洒。④保护草蛉和寄生蜂等天敌。

10. 樟颈曼盲蝽（*Mansoniella cinnamomi*）（见图 2—22）

樟颈曼盲蝽属半翅目盲蝽科害虫，是上海、浙江等地区新近发现的导致香樟落叶的一种新害虫，目前关于该虫的研究资料相当少。

【形态特征】成虫头黄褐色，前端中央有一黑色大斑。复眼发达。触角珊瑚色。若虫半透明，光亮，浅绿色。

【生物学特性】在上海以卵越冬，卵多产于叶柄组织内，叶柄上产卵痕为小黑点，如果香樟叶片较大，叶片主脉较粗，卵也可产于叶片主脉内。次年 4 月下旬至 5 月上旬卵孵化，若虫多分布于有很多锈色斑的叶片刺吸危害，且锈色斑叶片越多的植株上若虫越多。

图 2—22　樟颈曼盲蝽

【防治方法】①加强肥水管理，提高抗虫力。②保护螳螂、花蝽、瓢虫、草蛉等天敌，以发挥自然控制作用。③利用黄色的频振式杀虫灯或黄色杀虫板进行诱杀。④药剂防治采用 5% 可湿性吡虫啉粉剂 1 000～1 500 倍，或 25% 的敌杀死（溴氰菊酯）1 500 倍，或 0.5% 的苦参碱水剂 800～1 000 倍液喷雾防治。

11. 樟脊网蝽（*Stephanitis macaona*）（见图 2—23）

樟脊网蝽又名樟脊冠网蝽，属半翅目网蝽科害虫，分布于华南、华东、华中地区，危害香樟、油梨。

【形态特征】成虫体茶褐色。前翅白色透明有网纹和金属光泽，膜质，前翅有颗粒状突起。足浅黄色，臭腺孔在前胸板的前缘角上开口。若虫椭圆形。前胸背板两侧向外延伸呈翼状，中胸背板中央两侧各有长刺一个，腹部各节两侧有粗而长的枝刺。

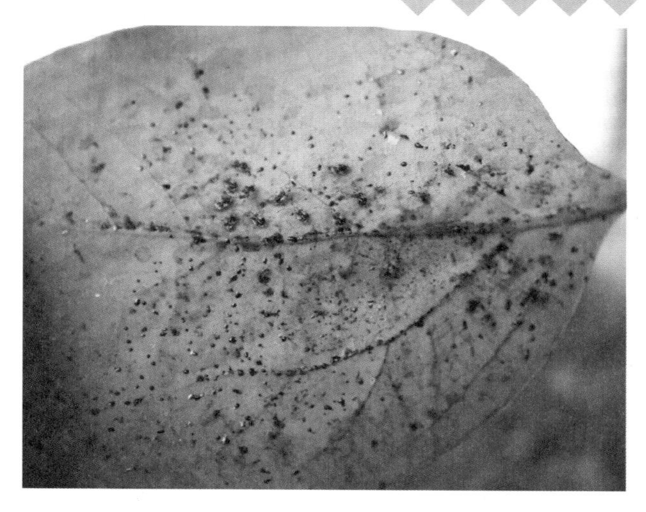

图 2—23　樟脊网蝽

【生物学特性】上海一年发生4~5代，以卵在叶片组织内越冬。次年4月卵孵化，幼虫群集叶背刺吸危害。成虫羽化后聚集在叶背危害。卵多产于叶背叶脉第一分脉两侧的组织内。成虫、若虫刺吸危害，叶背出现黄褐色污斑，叶面出现苍白色失绿小点，严重时整叶枯黄。此外，还诱发煤污病。干燥、高温有利于该虫的发生和蔓延。

【防治方法】①冬季清除林园内的枯枝落叶、杂草及翻土，刷白植株。加强养护管理，清除病虫叶并烧毁，减少虫源。②保护和利用草蛉、蚂蚁、蜘蛛等天敌。③若虫期可用10%吡虫啉可湿性粉剂2 000倍液，或70%艾乐美水分散粒剂30 000倍液，或1%杀虫素乳油1 500~2 000倍液喷洒。

12. 红带网纹蓟马（*Selenothrips rubrocinctus*）（见图2—24）

红带网纹蓟马是缨翅目蓟马属害虫，分布于长江以南各地，如上海、江苏、浙江、江西、福建、广东、四川等地，危害水杉、珊瑚树、杜英、杜鹃、蚊母、蔷薇、海棠、合欢、桃、杨梅、悬铃木、梧桐、乌桕、柿、枫香等植物。

图 2—24　红带网纹蓟马

【形态特征】雌成虫体黑褐色，胸部和腹部常有红色素的絮状斑块。前翅灰黑色，缘毛极长。初孵化若虫无色透明，稍后头部及腹末呈浅黄色，腹部背面前半面有一条十分明显的红色横带；老熟时橙黄色，触角末端尖细无色，腹部末端常附有珠状液泡。

【生物学特性】上海一年发生5~6代，以成虫、卵越冬；次年5月间开始活动，取食并产卵。若虫爬行时腹部后半常上举，并不断排泄。若虫有群集性。5月中下旬第一代若虫危害叶片，7月下旬至8月下旬达到全年最高峰，9、10月虫量迅速下降。世代重叠。

卵产于叶肉内，产卵处稍隆起，产卵处有褐色水状物覆盖，干后呈鳞片状。干旱的季节或年份发生严重郁闭度大，通风透光欠佳时受害更重。对杜鹃、海棠、蚊母、月季等危害，不仅使叶面失去光泽，还有许多黑色或褐色排泄物，引起落叶，影响生长，以致死亡。

【防治方法】①冬春期清除田间杂草。②保护和利用天敌，合理科学用药，以发挥天敌的控制作用。③化学防治：10%吡虫啉可湿性粉剂2 000倍液喷雾。

13. 柑橘全爪螨（*Panonychus citri*）（见图2—25）

柑橘全爪螨又名瘤皮红蜘蛛、柑橘红蜘蛛，是蜱螨目叶螨科害虫，分布于陕西、江苏、浙江、上海、江西等地，危害柑橘、桂花、蔷薇、九里香等。

【形态特征】雌成螨暗红色，椭圆形，背面隆起，上生白色刚毛26根；足四对，黄色；雄螨体红色，后端较狭，呈楔形。若螨体形、体色与成螨相似，体较小，经三次蜕皮后成为成螨。

图2—25　柑橘全爪螨

【生物学特性】发生代数因地而异，多以卵或部分成螨和若螨在枝条裂缝和背处越冬。卵多产在当年生枝和叶背主脉两侧。春秋两季发生最为严重。

【防治方法】①保护和利用天敌，如瓢虫、捕食性螨类、草蛉等。②加强栽培管理措施，合理密植，中耕除草，适时灌溉和施肥。③药剂防治：可用1%杀虫素1 000～1 500倍液，或73%克螨特乳油2 000倍液，或15%哒螨灵乳油3 000～4 000倍液喷洒。

三、常见钻蛀性害虫识别

1. 桑天牛（*Apriona germari*）（见图2—26）

桑天牛又名褐天牛、粒肩天牛，是鞘翅目沟颈天牛科害虫，除黑龙江、内蒙古、宁夏、青岛、新疆外，我国各地均有分布，危害杨、柳、榆、枫杨、无花果、桑、海棠、油桐、山核桃、柑橘、枇杷、苹果、梨、枣等。

【形态特征】成虫体和鞘翅均为黑褐色，密被黄褐色绒毛，虫体背面呈青棕色，腹面棕黄色。前胸背板有横行皱纹，两侧中央各有一刺状突起。卵长椭圆形，黄白色。老熟幼虫体圆筒形，乳白色。前胸背板后半部密生棕色颗粒小点，中央有三对尖叶状凹弦纹。蛹纺锤形，黄白色。

【生物学特性】上海两年发生一代。以幼虫在树干蛀道中越冬。6 月下旬羽化。7 月上旬开始产卵。成虫羽化后，一般晚间活动，有假死性。成虫寿命可达 80 天以上。成虫产卵前喜食构树、桑树等桑科植物新枝树皮、嫩叶及嫩芽，以补充营养。卵大多产于直径 10 ~ 30 mm 的一年生枝干上。先咬破树皮和木质部，成长方形伤口，然后产卵于内。初孵幼虫即可蛀入木质部，渐向内、向下蛀食，蛀道直，每隔一段距离向外咬一排粪孔排泄虫粪。与一般蛀干性害虫喜危害生长衰弱的林木不同的是，桑天牛对于高大、生长旺盛、分枝多的树木的趋性强、危害重。

图 2—26　桑天牛

【防治方法】①结合修剪除掉虫枝，集中处理。②成虫产卵盛期后挖卵和初龄幼虫。③刺杀木质部内的幼虫，找到新鲜排粪孔用细铁丝插入，向下刺到蛀道端，反复几次可刺死幼虫。④7 ~ 8 月间桑天牛成虫活动期在其补充营养寄主植物上喷施 5% 溴氰菊酯微胶囊剂2 000倍液或 2. 5% 溴氰菊酯 1 000 倍液，可有效减轻该虫对附近杨树的危害。⑤毒杀幼虫。初龄幼虫可用敌敌畏或杀螟松等乳油 10 ~ 20 倍液，涂抹产卵刻槽杀虫效果很好。蛀入木质部的幼虫可从新鲜排粪孔注入药液，如 50% 辛硫磷乳油 10 ~ 20 倍液或上述药剂，每孔最多注 10 mL，然后用湿泥封孔，杀虫效果良好。

2. 光肩星天牛（*Anoplophora glabripennis*）（见图 2—27）

光肩星天牛是鞘翅目天牛科害虫，分布于辽宁、吉林、河北、陕西、山西、山东、河南、安徽、江苏、浙江、上海、湖北、广西、甘肃等地，北方多于南方，危害杨、柳、樱花、榆、槭、刺槐、苦楝、桑等植物。

【形态特征】成虫体黑色，有光泽。前胸两侧各有一个翅状突起。鞘翅上各有大小不同的白色绒毛组成的斑纹 20 个左右，形似星天牛，但鞘翅基部光滑无颗粒状瘤突。卵长椭圆形，乳白色。老熟幼虫体呈黄色。蛹乳白色或者黄白色。

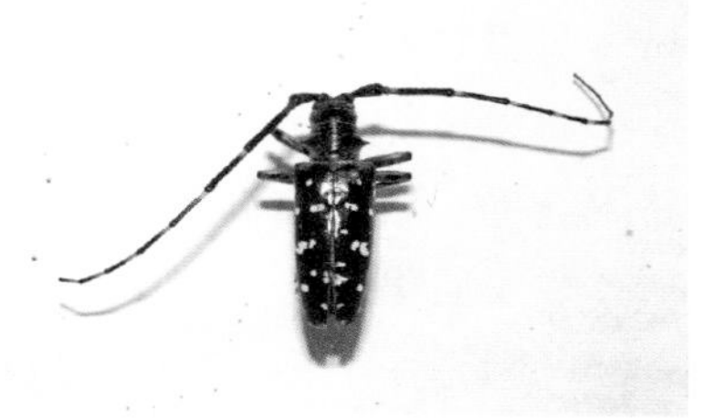

图 2—27　光肩星天牛

【生物学特性】上海、江苏、浙江一年发生一代。以 1 ~ 3 龄幼虫在树干内越冬。次年 3 月下旬开始活动取食，有排泄物排出。成虫羽化后白天活动，取食寄主的嫩枝皮补充营养，对复叶槭植物趋性强。产卵前成虫咬一椭圆形刻槽，卵产于其中，每一刻槽产卵一粒，产卵后分泌黏性的胶状物把产卵孔堵住。刻槽可以从树的根际开始分布直至树梢，但并不全部产卵，空槽无胶状物堵孔。成虫飞翔能力、趋光性均不强。幼虫孵化后开始取食腐朽的韧皮部，并将褐色粪便及蛀屑从产卵孔中排出。一般衰弱木被害重，健康株被害轻；林内被害轻，林缘被害重。天敌主要有花绒坚甲和斑啄木鸟。

【防治方法】①加强苗木检疫。②去除带虫枝、带虫枯立枝、衰弱木，改善通风透光条件。③保护、招引有益鸟类，如啄木鸟。④天牛羽化盛期可组织人工捕捉成虫；根据天牛刻槽产卵的习性，在天牛产卵期用钝器或硬物敲击。⑤天牛成虫期在寄主树干上喷洒施威雷，或敌杀死（氯氰菊酯），或 20% 菊杀乳油，可起到杀死天牛成虫和趋避作用，在天牛幼虫期用 5～10 倍的 20% 菊杀乳油涂抹产卵槽，对进入木质部的幼虫可用 50% 敌敌畏乳油 50 倍液等，药棉蘸药塞入孔内或用针筒灌注。

3. 黑蚱蝉（*Cryptotympana atrata*）（见图 2—28）

黑蚱蝉又名知了，是同翅目蝉科害虫，我国北起内蒙古、南到广东的广大区域均有发生，危害樱花、槐、桑、杨、柳、桃、梨、苹果等。

【形态特征】成虫体漆黑，有光泽；中胸背板宽大，中央有黄褐色“X”形隆起；前翅前缘淡黄褐色，基部 1/3 黑色，后翅基部 2/5 黑色，翅脉淡黄色兼暗黑色。卵长椭圆形，乳白色。初孵若虫乳白色，渐变为黄白色，后变为黄色，老熟时变为黄褐色，形态略似成虫，无翅，翅芽发育完好。

图 2—28　黑蚱蝉

【生物学特性】多年发生一代，以若虫在土中或者以卵在寄主植物枝干内越冬。次年越冬孵化，钻入土中，吸食植物根系汁液，冬季后在土中越冬；若虫在土中生活多年，待将羽化时，若虫钻出土表，爬上树干，蜕皮羽化。成虫具有群居性、群迁性、趋光性，特别是雄成虫具有鸣叫的特点。雌成虫产卵多产于树梢，用产卵器刺破枝条，产卵在木质部中，造成树梢因失水而干枯。

【防治方法】①加强管理措施，清除杂草，剪除有产卵伤痕的枝条，集中烧毁，减少虫源。②根据成虫产卵及若虫危害的特性人工捕杀成虫和若虫，以及剪除有虫卵枝。③成虫发生期用灯光诱杀。④保护和利用天敌，成虫期天敌大多是鸟类，要注意保护和利用。

⑤一般可掌握在若虫发生期防治，可喷洒10%吡虫啉可湿性粉剂2 000倍液，或25%阿克泰水分散粒剂30 000倍液。

4. 臭椿沟眶象（*Eucryptorrhynchus brandtu*）（见图2—29）

臭椿沟眶象是鞘翅目象甲科的害虫，分布于华东、华北、西北、华中等地，危害臭椿、香椿、千头椿。

【形态特征】成虫体黑色，前胸背板及鞘翅上密被粗大刻点；前胸、前翅肩部及其端部1/4处密被白色鳞片，其余部分则散生白色小点。鞘翅肩部略突出。卵黄白色。幼虫头部黄褐色，胸部、腹部乳白色。蛹黄白色。

图2—29　臭椿沟眶象

【生物学特性】上海地区一年一代，以幼虫和成虫在树干内或土内越冬，次年4月下旬至5月中旬为成虫盛发期，成虫具有假死性。产卵前取食嫩梢、嫩叶及叶柄等补充营养一个月左右，然后开始产卵。卵多产于树干上。产卵处多有白色液体流出。5月底有幼虫孵化危害，初孵化幼虫先啃食皮层，随后逐渐钻入木质部危害。

【防治方法】①加强检疫。②保护天敌，如卷叶象茧蜂等。③及时清除被害落果、卷叶，并集中烧毁，以减少虫源。④成虫期用8%绿色威雷微胶囊剂100～150倍液喷雾成虫活动及产卵部位，产卵及幼虫孵化期可用25%灭幼脲3号2 000倍液进行喷雾。

5. 白蚁（见图2—30）

常见白蚁种类为家白蚁（*Coptotermes formosanus*）和散白蚁（*Reticulitermes flavicepes*）。白蚁属于社会性昆虫，营巢于地下，可大量蛀食江河堤坝、房屋建筑、园林树木，尤其是近年来上海加快旧区改造，大量的白蚁危害从旧房屋向园林植物转移，特别是一些长势弱、年龄较大的悬铃木、枫杨、香樟、香榧、白榆等园林树木。

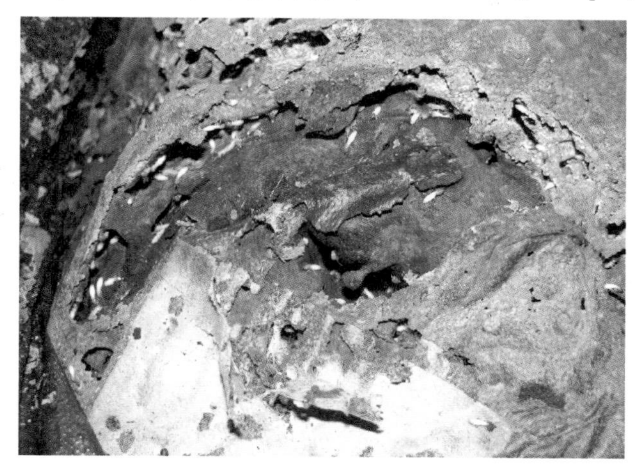

图2—30　白蚁

【形态特征】白蚁体白色或淡黄色，身体较软。具咀嚼式口器。触角念珠状。前后翅大小、形状相似。白蚁具有明确的分工，主要有蚁王、蚁后、兵蚁、工蚁。

【生物学特性】白蚁的活动有明显的季节性。一般当春末夏初气候转暖温度达25℃时开始活动；在气候闷热的夏季活动猖獗；秋后天气转凉时，活动范围逐渐缩小，并转入蚁巢内活动。白蚁畏光，非常敏感。

按生活习性，白蚁可分为木栖性白蚁、土栖性白蚁和土木栖性白蚁三类。木栖性白蚁的蚁巢筑于木材或树木之中；土栖性白蚁的蚁巢筑于泥土中，有的深埋于地下，有的部分在地下、部分在地上；土木栖性白蚁的蚁巢既可筑于泥土下，也可筑于木材之中。此类白蚁对环境的适应性很强，对房屋建筑和园林树木危害最大。上海地区常见的家白蚁、黄胸散白蚁、黑胸散白蚁、黑翅土白蚁都属于此类。

【防治方法】一般采用诱杀法防治。选择有白蚁出没的地方或有白蚁的大树边掘一土坑，长、高、深各为30~40 cm，不能积水，坑内放置家白蚁喜食的松木或甘蔗渣，加入小量松花粉更好，最后用松树枝芒萁或麻袋及塑料薄膜覆盖。室内多用木箱或纸箱，诱箱放在白蚁活动的地方，少则3~4天，多则20天左右，可将白蚁诱集数以万计，时间再长，诱集箱变为蚁巢，就在诱集箱或诱集坑中将木板轻轻地分层挠起，喷灭蚁药粉。

四、其他害虫识别

1. 小地老虎（*Agrotis ypsilon*）（见图2—31）

小地老虎又名切根虫、土蚕、地蚕、夜盗虫，是鳞翅目夜蛾科的害虫，全国各地均有分布，南方各省沿海、沿湖的河滩地、水浇地发生严重，危害杉木、松、罗汉松苗及菊花、万寿菊、鸡冠花、一串红、香石竹、羽衣甘蓝等，也是草坪的重要地下害虫。

幼虫

成虫

图2—31　小地老虎

【形态特征】成虫头、胸部背面暗褐色，腹部灰褐色。前翅褐色，内横线双线黑色波浪状，环纹黑色，有圆灰环一个，肾状纹黑色。后翅灰白色，翅脉茶褐色，缘毛白色，有一条浅茶褐色线。老熟幼虫体灰褐色至深褐色，背线、亚背线黑褐色。蛹赤褐色。

【生物学特性】长江以南一年发生四五代，以蛹及幼虫越冬。越冬成虫羽化期为 3 月下旬至 4 月上中旬。危害最重的为第一代。成虫有趋光性。成虫多产卵于低矮叶密的杂草叶背上，少数产于枯叶及土缝下。低龄幼虫群集取食幼苗嫩叶，四龄后白天潜伏，夜间危害，有假死性，将咬断的幼苗拖至洞口，易于发现。

【防治方法】①冬季深翻园土，适时中耕，清除杂草，堆肥等要充分腐熟后才能施用。②黑光灯诱杀成虫，或用糖醋液诱杀成虫。③毒饵诱杀：90% 晶体敌百虫 10 倍液，拌炒香的麦子、谷壳、豆饼 50 kg，制成毒饵，于傍晚撒在苗床上或根际周围毒杀，还可采取堆放草堆诱杀幼虫，即傍晚时在苗圃地堆放青绿嫩草一堆，或以毒饵放在草堆下，次晨在草堆下捡取幼虫处死。④施用 50% 辛硫磷乳油 1 000 ~ 1 500 倍液浇灌，毒杀成虫与幼虫。

2. 橘小实蝇（*Bactrocera dorsalis*）（见图 2—32）

橘小实蝇又称柑橘小实蝇、东方果实蝇、黄苍蝇、果蛆，是双翅目实蝇科的害虫，分布于广东、广西、福建、四川、湖南、台湾等地。除柑橘外，尚能危害芒果、番石榴、番荔枝、枇杷等 200 余种果实。幼虫在果内取食危害，常使果实未熟先黄脱落，严重影响产量和质量。

图 2—32　橘小实蝇

【形态特征】成虫翅透明，翅脉黄褐色，有三角形翅痣。胸部背面大部分黑色，但黄色的“U”字形斑纹十分明显。腹部黄色，第一、二节背面各有一条黑色横带，从第三节开始中央有一条黑色的纵带直抵腹端，构成一个明显的“T”字形斑纹。雌虫产卵管发达。卵梭形。幼虫蛆形。围蛹，黄褐色。

【生物学特性】华南地区一年发生 3 ~ 5 代，无明显的越冬现象，世代重叠。成虫羽化后需要补充营养。卵产于将近成熟的果皮内。幼虫孵出后即在果内取食危害，被害果常变黄早落；即使不落，其果肉也必腐烂不堪食用，对果实产量和质量危害极大。幼虫老熟后脱果入土化蛹。

【防治方法】（1）加强检疫，一旦发现疫情，可用溴甲烷熏蒸。（2）随时捡拾虫害落果，摘除树上的虫害果一并烧毁，但切勿浅埋。（3）诱杀成虫：在 90% 敌百虫的 1 000 倍液中，加 3% 红糖制得毒饵喷洒树冠浓密荫蔽处。隔 5 天一次，连续 3 ~ 4 次。或取酵母蛋白 1 000 g、25% 马拉硫磷可湿性粉 3 000 g，兑水 700 kg 于成虫发生期喷雾树冠。（4）地面施药：于实蝇幼虫入土化蛹或成虫羽化的始盛期用 50% 马拉硫磷乳油或 50% 二嗪农乳油 1 000 倍液喷洒果园地面，每隔 7 天左右一次，连续 2～3 次。

第 2 节　园林植物病害识别

学习单元 1　园林植物病害基础

学习目标

→了解园林植物病害病原的类型、病害的侵染循环与防治的关系
→熟悉病害发生过程的四个阶段的特点
→掌握侵染性病害病原和非侵染性病害病原的种类及特点
→能够识别常见园林植物的病害

知识要求

一、病害的病原

1. 侵染性病害的病原

园林植物侵染性病原包括各种有害生物，如真菌、细菌、病毒、线虫、寄生性种子植物等。

（1）园林植物病原真菌。真菌生长和发育，一般是先经过一定时期营养生长阶段，然后产生孢子繁殖。营养生长阶段的结构称为营养体，是真菌生长和营养积累时期，当营养生长进行到一定时期时，真菌转入繁殖阶段形成繁殖体，是真菌产生各种类型孢子进行繁殖的时期。大多数真菌的营养体和繁殖体形态差别明显。

真菌的营养体指营养生长阶段的结构，除极少数真菌营养体是单细胞（如酵母菌）外，典型的真菌营养体都是纤细的管体状，称为菌丝，多根菌丝交织集合成团称菌丝体。

高等真菌的菌丝有隔膜，称为有隔菌丝；低等真菌的菌丝一般无隔膜，称为无隔菌丝。真菌的菌丝体在一定条件下转变为特殊的结构，如菌核、子座和菌索等。这些变态结构在真菌的繁殖和传播以及对不良环境抵抗方面有着重要作用。

真菌经过营养生长阶段后，即进入繁殖阶段，形成各种繁殖体即子实体。真菌的繁殖分为无性繁殖和有性繁殖两种，无性繁殖产生无性孢子，有性繁殖产生有性孢子。孢子的功能相当于高等植物的种子。

（2）园林植物病原细菌。细菌属于原核生物界、细菌门，为单核生物。植物病原细菌是侵染性病害的重要病原，裸子植物上很少发现，主要见于被子植物。在观赏植物中，以菊花、大丽花、木麻黄的青枯病，多种花木的癌病及多种花木细菌性叶斑病等发生较为普遍。

细菌是单细胞原核生物，有细胞壁，但无固定的细胞核。不含叶绿素，多数不能进行光合作用且绝大多数是异养性的，营腐生。其基本形态可分为球状、杆状、螺旋状。园林病原细菌都是杆状，两端略圆或尖细，大多数园林病原细菌体外生有丝状的鞭毛，能移动，一般最少一根。

细菌繁殖方式是裂殖，细菌繁殖速度很快，繁殖最适合温度为26～30℃，高于或低于这个温度细菌生长发育都会受到抑制。大多数植物病原细菌是好氧的，适于生活在略带碱性的培养基中。在33～40℃时停止生长，在50℃时10 min内多数细菌死亡。细菌能耐低温，即使在冰冻条件下仍能保持生活能力。园林病原细菌的生长速度与pH值有关，一般在中性或微碱性的条件下生长良好。

（3）园林植物病毒。病毒是一类非细胞结构的专性寄生物，是一种活养生物。植物病毒粒体由核酸和蛋白质衣壳组成。病毒具有传染能力和增殖能力，它的增殖不同于细胞的繁殖，它采用核酸样板复制方式进行增殖。在增殖同时，也破坏了寄主正常的生理程序，从而使植物表现症状。

病毒只能在活的寄主体内寄生，不能在人工培养基上。但它们的寄主范围相当广泛。高等植物中，目前已发现的病毒有900余种，数量仅次于真菌性病害。几乎每一种园林植物都有一至数种病毒病，轻则影响观赏，重则不能开花，品种逐年退化，甚至毁种，对花卉构成潜在的威胁，有些病毒病已成为影响我国花卉栽培、生产和外销的重要原因之一。据报道，花卉病毒病已达300余种，树木病毒病已达百余种。病毒对外界条件影响也有一定的稳定性，不同病毒对外界环境影响的稳定性不同，这种特性可作为鉴定病毒依据之一。

（4）园林植物病原线虫。线虫是一种低等生物，在自然界分布广泛，种类多，少数寄生在园林植物上。我国园林植物线虫病害有百余种，局部地区危害性较大。线虫除直接引

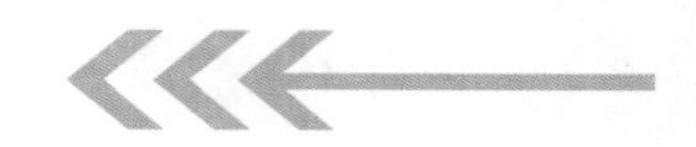

起园林植物病害外，还传播其他病害。

线虫大部分生活在土壤耕作层，最适于线虫发育和孵化的温度为20～30℃，最高温度为40～55℃，最适宜的土壤温度为10～17℃，在适宜的温度条件下有利于线虫的生长和繁殖，最适宜的土壤质地为沙壤土。线虫在土壤中的活动性不强，在土壤中每年迁移的距离不超过2 m。被动传播是线虫的主要传播方式，包括水、昆虫和人为传播，在田间主要以灌溉水的形式传播。人为传播方式有耕作机具携带病土、种苗调运、污染线虫的农产品及其包装物的贸易流通等，通常人为传播是远距离的。

（5）寄生性种子植物。在自然界中，种子植物大多为自养生物，但有些种子植物缺乏叶绿素或某种器官退化，必须寄生在其他植物上以获取营养物质，称为寄生性植物。大多数寄生性植物可以开花结籽，又称寄生性种子植物。

根据寄生性种子植物对寄主植物的依赖程度，可将其分为全寄生和半寄生两类。全寄生性种子植物如菟丝子、列当等，无叶片或叶片已经退化，无足够的叶绿素，根系蜕变为吸根，必须从寄主植物上获取包括水分、无机盐和有机物在内的所有营养物质；半寄生性种子植物如槲寄生、桑寄生等，本身具有叶绿素，能够进行光合作用，但需要从寄主植物中吸取水分和无机盐。

按寄生性种子植物在寄主植物上的寄生部位，分为茎寄生和根寄生。前者寄生在寄主植物的地上部分，如桑寄生科和菟丝子科植物；后者则寄生在寄主植物根部，如列当科植物。

寄生性种子植物对寄主植物的致病作用主要表现为对营养物质的争夺。一般来说，全寄生的比半寄生的致病力要强，如菟丝子和列当主要寄生在一年生草本植物上，可引起寄主植物黄化和生长衰弱，严重时造成大片死亡，对产量影响很大；而半寄生的，如槲寄生和桑寄生等，则主要寄生在多年生的木本植物上，寄生初期对寄主无明显影响，当群体较大时会造成寄主生长不良和早衰，发病速度较慢。除争夺营养外，还能将病毒从病株传到健株上。

2. 非侵染性病害的病原

引起园林植物的非侵染性病害的病原因子有很多，主要可归为营养失调，土壤水分不匀，温度不适，有害物质对大气、土壤和水的污染等，它们都可以导致植物生病并表现出各种不同的病状。

（1）营养失调。植物在正常生长发育过程中需要氮、磷、钾、钙、硫、镁等大量元素，铁、硼、锰、锌等微量元素。当营养元素缺乏或过剩，或者各种营养元素的比例失调，或者由于土壤的理化性质不适宜而影响了这些元素的吸收，任何一种缺素症都会影响花木的正常生长发育和观赏效果。

1）缺氮。氮是形成蛋白质的基本成分。花木一旦缺氮，植株生长缓慢，叶子变成淡绿或黄白，基部叶片发黄或呈浅褐色，枝细弱，顶梢新叶变小，严重时叶片脱落。如菊花缺氮，叶片变小，呈灰绿色，叶尖及叶缘呈淡绿色，下部老叶脱落，茎木质化，节间短，生长受到抑制；月季缺氮时叶片黄化，但不脱落，植株矮小，叶芽发育不良，花小、色淡；天竺葵缺氮时，幼叶呈淡绿色，叶片中部具有红铜色的圆圈，老叶则呈亮红色，叶柄附近呈黄色，干枯叶片仍然残留在茎上，植株矮小，发育不良，不能开花。

2）缺磷。磷是核蛋白及磷脂的组成成分，对植物生长发育具有重要意义。植物缺磷时，植物生长受抑，植株矮小，叶片蓝绿略带紫色，开花小而少，且色淡，并易导致果实变小。如香石竹缺磷，基部叶片变成棕色而死亡，茎纤细柔弱，节间短，花较小；月季缺磷表现为老叶凋落，但不发黄，茎瘦弱，芽发育缓慢，根系较少，影响花的质量。

3）缺钾。钾是植物进行代谢的基础。花木缺钾时首先表现在老叶上。双子叶植物缺钾时，叶片出现斑驳的缺绿区，然后沿着叶缘和叶尖产生坏死区，叶片卷曲，老叶叶缘卷曲呈黄色或枯黄色并易脱落，茎干纤细；单子叶植物缺钾时，叶片顶端和边缘细胞先坏死，以后再向下发展。

4）缺钙。钙是细胞壁和细胞间层的组成成分。植物缺钙症状首先表现在新叶上。典型症状是幼嫩叶片的叶尖和叶缘坏死，然后是叶芽坏死，嫩叶失绿、叶缘向上卷曲枯焦，叶尖常呈钩状。根尖也会停止生长、变色和死亡，植株矮小。如月季缺钙，根系和植株顶部死亡，提早落叶；菊花缺钙，顶芽及顶部的一部分叶片死亡，有的叶片失绿，根粗短，呈棕褐色，常腐烂。植物严重缺钙则不能开花。

5）缺镁。镁是叶绿素的主要组成成分，镁与钙有拮抗作用，过剩的钙有害时，只要加入镁即可消除钙。植物缺镁时，先在老叶的叶脉间发生黄化，逐渐蔓延至上部新叶，叶肉呈黄色而叶脉仍为绿色。缺镁多出现在酸性土壤。如金鱼草缺镁时，基部叶片黄化，随后叶上出现白色斑点，叶缘向上卷曲，叶尖向下钩弯，叶柄及叶片皱缩，干焦，但垂挂在茎上不脱落，花色变白；八仙花对镁元素的缺乏特别敏感，缺镁时，基部叶片的叶脉间黄化。月季缺镁时，基部叶片变小，植株生长发育受阻，花较小。

6）缺铁。铁是植物生长发育中不可缺少的元素，叶绿素的形成必须有铁的参与。植物缺铁时会引起黄化病。由于铁在植物体内不易转移，因此，缺铁时首先是嫩叶变色，老叶仍保持绿色。被害叶只有叶脉保持绿色，叶脉间和叶脉附近全部失绿，严重缺铁时，较细的侧脉也会失绿。缺铁的症状与缺镁相似，所不同的是缺铁先从新叶的叶脉间出现黄化，叶脉仍为绿色，继而发展成整个叶片转黄或发白。

7）缺锰。锰与植物光合作用及氧化作用有着密切关系。植物缺锰的症状和缺铁基本相似，叶脉之间出现失绿斑点，并在叶片上形成小的坏死斑，幼叶和老叶都可发生，以后叶片迅速凋萎植株生长变弱，花不能形成。缺锰一般发生在石灰性土壤。

8）缺锌。锌直接影响植物的呼吸作用，在一定程度上是维生素的活化剂，对光合作用有促进作用。植物缺锌时，体内生长素会受到破坏，植物生长受抑，并产生病害。叶片变黄或变小，叶脉间出现黄斑，蔓延至新叶，幼叶硬而小，且黄白化。在枝条的顶端向上直立呈簇生状，植株节间明显萎缩僵化。“小叶病”是缺锌使生长素形成不足所致的典型症状。

9）缺硫。硫是蛋白质的重要组成成分。植物缺硫时，引起失绿，但它与缺镁和缺铁的症状有区别。缺硫时叶脉发黄，叶肉组织却依然保持绿色，从叶片基部开始出现红色枯斑。通常植株顶端幼叶受害较早，叶坚厚，枝细长，呈木质化，植株矮小，开花推迟。如一品红缺硫时，叶呈淡暗绿色，后黄化，在叶片的基部产生枯死组织，并沿主脉向外扩展。

此外，缺硼可引起嫩叶失绿，叶片肥厚皱缩，叶缘向上卷曲，根系不发达，顶芽和幼根生长点死亡，落花落果；缺铜可导致植物叶尖发白、幼叶萎缩，出现白色叶斑等。

（2）水分失调。水分在植物体内的含量可达 80% 以上，水分的缺乏或过多及供给失调都会对植物产生不良影响。

天气干旱，土壤水分供给不足，会使植物的营养生长受到抑制，营养物质积累减少而降低品质。缺水严重时，植株萎蔫，叶片变色，叶缘枯焦，造成落叶、落花和落果，甚至整株枯死。

土壤水分过多，会阻碍土温的升高和降低土壤的透气性。土壤中氧气含量降低，植物根系长时间进行无氧呼吸，引起根系腐烂，也会引起叶片变色、落花和落果，甚至全株死亡。一般草本花卉容易受到涝害，植株在幼苗期对缺水也很敏感；木本植物中，悬铃木、合欢、女贞、青桐、板栗、胡桃等树木易受涝害。多种花木在土壤水分过多的情况下，通常容易发生叶色变黄、花色变浅、花的香味减退，引起落叶、落花，严重时根系腐烂，甚至全株死亡。

（3）温度不适。植物的生长发育都有适宜的温度范围，温度过高或过低，超过了它的适应能力，植物代谢过程将受到阻碍，就可能发生病理变化而发病。

低温对植物危害很大。轻者产生冷害，表现为植株生长减慢，组织变色、坏死，造成落花、落果和畸形果；0℃以下的低温可使植物细胞内含物结冰，细胞间隙脱水，原生质破坏，导致细胞及组织死亡。如秋季的早霜、春季的晚霜，常使植株的幼芽、新梢、花器、幼果等器官或组织受冻，造成幼芽枯死、花器脱落、不能结实或果实早落。而冬季的反常低温对一些常绿观赏植物及落叶花灌木等未充分木质化的嫩梢、叶片同样引起冻害。

高温对植物的危害也很大，可使光合作用下降，呼吸作用上升，消耗加大，生长减慢，使植物矮化和提早成熟。

在自然条件下，高温常与强日照及干旱同时存在，可使花灌木及树木的茎、叶、果等组织产生灼伤，称日灼病，表现为组织褪色变白呈革质状、硬化易被腐生菌侵染而引起腐烂，灼伤主要发生在植株的向阳面。

（4）有毒物质的污染。自然界中存在的有毒气体、土壤和植物表面的尘埃、农药等有害物质，都可使植物中毒而发病。工厂排出的有害气体硫化物、氟化物、氯化物、氮氧化物、臭氧、粉尘及带有各种金属元素的气体等，都可能对植物产生不良影响。大气污染物质对植物的危害，是由多种因素决定的。首先取决于有害气体的浓度及持续的时间，同时也取决于污染物的种类、受害植物种类及不同发育时期、外界环境条件等。大气污染物除直接对植物生长产生不良影响外，同时还降低了植物的抗病力。

植物受大气污染危害有急性危害、慢性危害及不可见危害三种情况。急性危害时的受害叶片最初叶面呈水渍状，叶缘或叶脉间皱缩，随后叶片干枯。多数植物叶片褪绿为象牙色，但也有些植物叶片变为褐色或褐红色，受害严重时叶片逐渐枯萎脱落，造成植株死亡；慢性危害主要表现为叶片褪绿近乎白色，这主要是叶片细胞中的叶绿素受破坏而引起的；不可见危害是在浓度较低的大气污染物影响下，植物受到轻度的危害，生理代谢受到干扰及抑制，如光合作用受到影响，合成作用下降，酶系统的活性下降，细胞液酸化，使植物体内组织变性，细胞产生质壁分离，色素下沉。

硫化物是我国大气污染中较为主要的污染物。植物对 SO_2 很敏感，当受到 SO_2 危害时，叶脉间出现不规则形失绿的坏死斑，但有时也呈红棕色或深褐色。SO_2 的危害一般是局部性的，多发生在叶缘、叶尖等部位的叶脉间，伤区周围的绿色组织仍可保持正常功能，若受害严重，全叶亦枯死。美人蕉、香石竹、仙人掌、丁香、山茶以及桂花、广玉兰、松柏等对 SO_2 有较强抗性。

氟化物危害的典型症状，是受害植物叶片顶端和叶缘处出现灼烧现象，这种伤害的颜色因植物种类而异，在叶的受害组织与健康组织之间有一条明显的红棕色。由于尚未成熟的叶片容易受氟化物危害，而常常使植物枝梢顶端枯死。

氯化物（如氯化氢）对植物细胞杀伤力很强，能很快破坏叶绿素，使叶片产生褪色斑，严重时全叶漂白、枯卷甚至脱落。伤斑多分布于叶脉间，但受害组织与正常组织无明显界限。一般未充分伸展的幼叶不易受氯化物危害，而刚成熟已充分伸展的叶片最易受害，老叶次之。因此，植物受到氯化物危害后，枝条先端的幼叶仍然继续生长，这和氟化物的危害正相反。

臭氧对植物的危害普遍表现为植株褪绿。臭氧的危害使叶片出现坏死和褪绿斑。

除大气污染外，土壤中的水污染及土壤残留物的污染也会引起植物的非侵染病害，如土壤中残留的一些农药、石油、有机酸、酚、氰化物及重金属（汞、铬、镉、铝、铜）等，往往使植物根系生长受到抑制，影响水分吸收。同时，叶片往往褪绿，影响生理代谢，植物即死亡。由于大气中 SO_2 等因素，造成降雨的 pH 值偏低，即酸雨，对植物也会产生严重的危害。

施用和喷洒杀菌剂、杀虫剂或除草剂，浓度过高时会直接对植物叶、花、果产生药害，形成各种枯斑或全叶受害。波尔多液可用于多种园林树木真菌性病害的防治，但如果使用时不适宜或硫酸铜和生石灰的比例不恰当，植物也会产生药害。喷施矮壮素、多效唑等植物生长调节剂浓度过高会严重抑制植物生长等。农药在土壤中积累到一定浓度，也可以使植物根系受到毒害，影响生长甚至造成死亡。

二、病害的诊断

1. 病害的诊断步骤

植物病害诊断是指根据发病植物的特征、所处场所和环境条件，经过调查与分析，对植物病害的发生原因，进行条件和危害性等做出准确的判断。植物病害种类繁多，防治方法各异，只有对病害做出肯定、正确的诊断，找出病害发生的原因，才有可能制定出切实可行的防治措施。因此，正确的诊断是合理有效防治的前提。植物病害的诊断可在任何阶段进行。

植物病害的诊断，应根据发病植株的症状和病害的田间分布等进行全面检查和仔细分析。对病害进行确诊，一般可按下列步骤进行：

（1）田间观察。即进行现场观察，观察病害田间分布规律。病害是零星的随机分布，还是普遍发病，有无发病中心等，这些信息常为分析病原提供必要的线索。进行田间观察，还需注意调查询问病史，了解病害的发生特点、种植的品种和生态环境。

（2）症状的识别与描述。即对植物病害标本做全面的观察和检查，尤其对发病部位、病变部分内外的症状做详细的观测和记载。应注意对典型病症及不同发病时期的病害症状的观察和描述。从田间采回的病害标本要及时观察和进行症状描述，以免因标本腐烂影响描述结果。有的无病症的真菌病害标本，可进行适当的保湿后，再进行病菌观察。

（3）采样检查。肉眼观察到的仅是病害的外部特征，对病害内部症状的观察需对病害标本进行解剖和镜检。同时，绝大多数病原生物都是微生物，必须借助于生物显微镜的检查才能鉴定。因此，诊断不熟悉的植物病害时，室内检查鉴定是不可缺少的必要步骤。采样检查的主要目的，在于识别有病植物的内部症状，确定病原类别，并对真菌性病害、细菌性病害及线虫所致病害的病原种类做出初步鉴定，进而为病害确诊提供依据。

（4）病原物的分离培养和接种。对某些新的或少见的真菌和细菌性病害，为排除腐生

生物的混淆，还需进行病原菌的分离、培养和人工接种实验，才能确定真正的致病菌。这一病害诊断步骤，按柯赫氏证病律（1988 年）进行。

1）从病组织上分离获得病原物的纯培养物。

2）将这种纯培养物人工接种到健康的植株上，观察表现的症状是否与原症状相同。

3）从接种后发病的植株上能再分离到用来接种的相同病原物。

这种病原物就可以确定为该病的病原菌。

（5）非侵染性病原鉴定。通常采用化学诊断法、人工诱发检验、排因实验、指示植物鉴定等。

1）化学诊断法。常用来诊断植物缺素症，通过分析植物组织和土壤矿物元素（氮、磷、钾、铁等）的含量，确定缺少哪种元素。然后用所缺元素的盐类，采用喷洒、注射、灌注等方法进行治疗，观察植物是否恢复健康状态。

2）人工诱发检验。对非侵染性病害，初步诊断可疑的病原，人为地提供类似发病条件来验证。例如药害、肥害等，对植株进行相应处理，观察发病的症状与被鉴定的病害是否一致。

3）排因实验。对于栽培管理措施不当所致的生理性病害，要确定是哪个主导因子起作用，就应该用排因实验。如诊断苗木颈部灼伤是否是气温过高导致，可以采取降温实验来证明。

4）指示植物鉴定。对缺素症，用指示植物栽培在缺素植物附近，观察它们的症状是否相同，就可以确认。

（6）提出诊断结论。最后应根据上述各步骤得出的结果进行综合分析，提出准确的诊断结论，并根据诊断结果制定综合防治方案。

2. 病害的诊断要点

园林植物病害按照病因可分为两大类：一类是物理和化学因素引起的非侵害性病害，另一类是由病原生物因素引起的侵害性染病害。两类病害有本质区别，防治方法也不相同，在诊断中要首先分清。

（1）非侵害性病害的诊断。对非侵害性病害的诊断应根据病害的症状表现、田间分布、环境条件，进行对比调查，结合生理学和病理学知识推测可能病因。应从以下几方面着手：

1）现场观察病害在田间的分布类型，非侵害性病害没有明显的发病中心，发生分布普遍而均匀，面积较大。

2）检查病株地上和地下病部有无症状，但要区别腐生菌、侵染性病害的初期症状、病毒病害和类菌质体病害。

3）治疗诊断。根据植株症状表现，采取相应的治疗措施，观察症状是否减轻或消失。

4）化学诊断。采取土壤或植株化学分析的方法，测定营养成分含量是否达到要求标准。

5）人工诱发排除病因。根据怀疑的病因，设置相似的条件，栽植相同的植物，观察发病后的症状表现。

6）指示植物。根据怀疑的病因，栽植有特定症状表现的指示植物，确定病因。

（2）侵染性病害的诊断。侵染性病害的发生具有发病中心，病害总是有由少到多、由点到片、由轻到重的发展过程。但由于病原的种类不同，病害的症状也不完全相同。大多数病害的病斑上，到发病后期有症状的出现。根据典型的症状表现，对许多病害可以做出初步诊断。

1）真菌病害的诊断。真菌病害的症状以腐烂和坏死居多，并有明显的症状。对这些症状可直接采用做临时玻片，在显微镜下观察病菌的形态结构，并根据典型的症状表现确定具体的病害种类。对一些病症不明显的标本，可放在适温（20～28℃）、高湿（100% RH）条件下培养24～72 h，病原真菌通常会长出菌丝或孢子，然后再镜检观察，确定具体的病害种类。如果保湿培养结果不理想，可以选择合适的培养基进行分离培养。

2）细菌病害的诊断。细菌病害的典型症状是：初期病斑水渍状或油渍状边缘、半透明，有黄色晕圈。在潮湿条件下，会出现黄白色或黄色的菌脓，但无菌丝。萎蔫型细菌性病害，横切病茎基部，可见污白色菌脓溢出，并且维管束变褐。根据症状不能准确诊断细菌病害时，可将病组织制成临时玻片，进行镜检观察，观察细菌从伤口溢出情况，或进行分离培养和接种实验。

3）病毒病害的诊断。病毒病害在田间诊断时很容易与非侵染性病害混淆，在诊断时应注意以下问题：病毒病具有传染性，在新叶、新梢症状最明显，而且有独特的症状表现，如花叶、脉带、环斑、斑驳、蚀纹、矮缩等。经初步确诊的病毒病，还可以在实验室进一步确诊，如通过传播方式的测定，通过病毒物理和化学特性的测定，还可以从病组织中挤出汁液，经复染后在透射电镜下观察病毒粒体的形态与结构来准确地诊断病毒病。

3. 病害诊断注意事项

（1）病情调查。病情调查内容不仅包括病株的分布情况、植株不同部位病害发生的特点、危害程度上的差异，还包括周围环境及病害发生的历史等。由非生物性病原引起的黄化、枯萎、斑点、落花及落果等症状，有些与生物性病原引起的病害症状相似，这就需要对发病现场进行认真的调查和观察，对发病原因进行分析并做出正确的判断。

（2）症状观察。每种园林植物病害都有其特异的症状，观察时要注意症状的复杂性。病害的症状并不是固定不变的，同一种病原物在不同在寄主上，或在同一寄主的不同发育阶段，或处在不同的环境条件下，都可能表现出不同的症状。如梨胶锈菌危害梨和海棠叶片产生病斑，在松柏上形成大小不同的瘤状物即菌瘿。立枯丝核菌危害针叶树幼苗时，若侵染发生在幼苗木质化以前表现为猝倒，侵染如发生在幼苗木质化后则表现为立枯。相反，不同的病原物也可能引起相同的症状，如真菌和细菌甚至霜害，都能引起李属植物穿孔病。同样，类菌质体、真菌和细菌都能引起园林植物的丛枝症，类菌质体、病毒及营养缺乏等都能引起园林植物的黄化病。因此，单纯根据症状做出判断，有时并不完全可靠，在许多具体的病例中常常需要进行系统的综合比较观察，进一步分析发病的原因或鉴定病原物。

（3）病原物显微观察。在侵染性病害中，一般由真菌、细菌、寄生性种子植物和寄生藻引起的病害，后期都会产生明显的病症，通常是病原物的营养体或繁殖体。借用显微镜或肉眼观察它们的形态，便可鉴别它们的类别和种。同时，在病死组织上出现的真菌，也并非都是真正的病原菌。因此，还必须进行组织分离培养和人工接种实验，或借助电子显微镜、血清反应和酶联免疫反应等先进技术和方法，对病原进行分析和鉴定，才能做出正确的诊断。

三、侵染性病害的侵染循环

植物病害的侵染循环（指侵染性病害从一个生长季节开始发生，到下一个生长季节再度发生的过程，如图2—33所示），包括病原物在何处越冬（或越夏）、病原物如何传播以及病原物的初侵染和再侵染等环节，切断其中任何一个环节，都能达到防治病害的目的。

1. 病原物的越冬越夏

植物病原物绝大多数是在寄主植物体上寄生的，生长期结束或植物收获后，病原物能否顺利度过寄主休眠期影响到下一个生长季病害的发生情况。病原物可以寄生、休眠、腐生等方式在田间病株，种苗和其他繁殖材料，病株残体，土壤、肥粪等场所越冬和越夏，而越冬和越夏后的病原物也是植物在生长季内最早发病的初侵染来源。越冬和越夏时期的病原物相对集中，方便人们采取最经济简便的方法最大限度地压低病原物的数量，用最少的投入收到最好防治的效果。

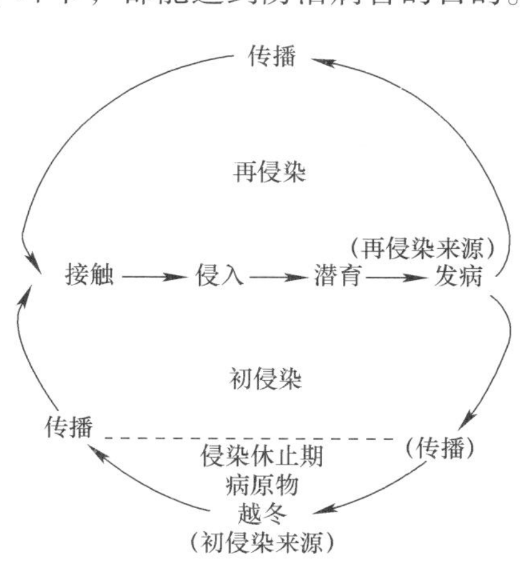

图2—33　病害的侵染循环模式图

（1）田间病株。病原物可在树木、温室花卉等多年生或一年生寄主植物上越冬、越夏，成为第二年病害的初侵染来源。对田间病株上的病害防治不可忽视。

（2）种苗和其他繁殖材料。其他繁殖材料是指种子、苗木以外的各种繁殖材料，如鳞茎、球茎、插穗、接穗和砧木等。使用这些繁殖材料时，不仅植物本身发病，而且会成为田间的发病中心，造成病害的蔓延，繁殖材料的远距离调运还会使病害传入新区。因此，在播种前应该处理种子、苗木和其他繁殖材料，如水选、筛选、热处理或化学处理法等。世界各国在口岸对种苗等繁殖材料实行检疫，也是防止危险性病害在更广大地区传播的重要措施。

（3）病株残体。病株残体包括寄主植物的秸秆、根、茎、枝、叶、花、果实等残余组织。绝大部分的非专性寄生的真菌和细菌可以腐生的方式在病株残体上存活一段时期。但残体腐烂分解后，病原物往往也随之死亡。因此，清洁田园、处理病残体是杜绝病菌来源的重要措施。

（4）土壤、粪肥。各种病原物可以休眠或腐生的形式在土壤中存活。如鞭毛菌的休眠孢子囊和卵孢子、黑粉菌的冬孢子、线虫的胞囊等，可在干燥土壤中长期休眠。

在土壤中腐生的真菌和细菌，可分土壤寄居菌和土壤习居菌两类。土壤寄居菌的存活依赖于病株残体，当病残体腐败分解后它们不能单独存活在土壤中，绝大多数寄生性强的真菌、细菌属于此类；土壤习居菌对土壤适应性强，可独立地在土壤中长期存活和繁殖，其寄生性都较弱，如腐霉属、丝核属和镰孢霉属真菌等，均在土壤中广泛分布，常引起多种植物的幼苗死亡。在同一块土地上多年连种同一种植物，就可能使土壤中某些病原物数量逐年增加，使病害不断加重。合理地轮作可阻止病原物的积累，因而有效地减轻土传病害的发生。此外，土壤也是各种腐生性颉颃微生物的良好繁殖场所，近年来这方面的研究和利用取得了很大进展，为土传病害的防治提供了更多可选择的方法。

病原物也可随各种残体混入肥料，或者虽然经过牲畜消化，但仍然保持生活力而使粪肥带菌。而粪肥未经充分腐熟，就可能成为初侵染来源增加病害发生的可能性。使用腐熟粪肥是防止粪肥传病的有效措施。

此外，有些病毒也可以在传毒昆虫的体内越冬。

2. 初侵染和再侵染

越冬或越夏后，病原物在新的生长季节引起植物的初次侵染，称初侵染。在同一生长季节内，由初侵染所产生的病原体通过传播引起的所有侵染皆称再侵染。还有多次再侵染，如各种霜霉病、白粉病、月季黑斑病、菊花斑枯病、梨黑星病等。

有无再侵染是制定防治策略和方法的重要依据。对于只有初侵染的病害，设法减少或消灭初侵染来源，即可获得较好的防治效果。对再侵染频繁的病害不仅要控制初侵染，而且必须采取措施防止再侵染，才能遏制病害的发展和流行。

3. 病原物的传播

病原物传播的方式，有主动传播和被动传播之分。如很多真菌有强烈的放射孢子的能力，又如具有鞭毛的游动孢子、细菌可在水中游动，线虫和菟丝子可主动寻找寄主，但其活动的距离十分有限。自然条件下以被动传播为主。

（1）气流传播。真菌产孢数量大、孢子小而轻，气流传播最为常见。气流传播的距离远，范围大，容易引起病害流行。园林植物病害中，近距离的气流传播是比较普通的。气流传播病害的防治方法比较复杂，要注意大面积的联防。另外，确定病害的传播距离也是很必要的。如桧柏是苹果和梨锈病的转主寄主，其苗圃与果园的间隔距离设为 5 km 就是依据冬孢子的传播距离确定的。

（2）水流传播。水流传播病原物的形式在自然界也是十分普遍的。其传播距离不及气流远。雨水、灌溉水都属于水流传播。如多种真菌的游动孢子、炭疽菌的分生孢子、病原细菌等都有黏性，在干燥条件下无法传播，必须随水流或雨滴传播。在土壤中存活的病原物，靠雨水的飞溅和随灌溉水传播，如花木的根癌病、苗期猝倒病和立枯病等。因此，在防治时要注意灌水方式。

（3）人为传播。人类在从事各种园林操作和商业活动中，常常无意识地传播了病原物。如使用带病的种苗会将病原体带入田间；在施肥、嫁接、修剪、育苗、移栽、整枝、扦插等农事操作中，手和工具会将病菌由病株传播至健壮植株上；种苗、接穗及其他繁殖材料、植物性的包装材料上所携带的病原物都可能随着地区之间的贸易运输由人类自己进行远距离的传播。

（4）昆虫和其他介体传播。昆虫等介体的取食和活动也可以传播病原物。如蚜虫、叶蝉、木虱刺吸式口器的昆虫可传播大多数病毒病害和植原体病害，咀嚼式口器的昆虫可以传播真菌病害，线虫可传播细菌、真菌和病毒病害，鸟类可传播寄主性植物的种子，菟丝子可传播病毒病等。

大多数病原物都有较为固定的传播方式，如真菌和细菌病害多以风、雨传播，病毒病常由昆虫和嫁接传播。从病毒预防的角度来说，了解病害的传播规律有着重要的意义。

4. 病程

病原物的侵染过程是指病原物侵入寄主到寄主发病的全过程，简称病程。它是一个连续的过程，包括病原物的致病过程和寄主植物的抵抗过程。病程的有无是区别侵染性病害和非侵染性病害的一个依据。侵染过程可分为四个阶段，即接触期、侵入期、潜育期和发病期。

（1）接触期。接触期是指病原物与寄主植物的感病部位接触，到病原物开始萌动为止的阶段。这段时间病原物处在寄主体外，受到环境中复杂的物理化学因素和各种微生物的影响，病原物必须克服各种不利因素才能进一步侵染，若能阻止病原物与寄主植物接触或创造不利于病原物生长的微生态条件可有效地防治病害。

（2）侵入期。侵入期是指病原物从侵入到与寄主建立寄生关系的阶段。侵入期是病原物侵入寄主植物体内最关键的第一步，病原物已经从休眠状态转入生长状态，且又暴露于寄主体外，是其生活史中最薄弱的环节，有利于采取措施将其杀灭。病原物必须通过一定的途径进入植物体内，才能进一步发展而引起病害。病原物的侵入途径主要有以下几种：

1）自然孔口侵入。植物表皮上的气孔、水孔、皮孔、腺体、花柱等，都属于自然孔口。

2）伤口侵入。包括机械伤、虫伤、冻伤、自然裂缝、人为创伤等。

3）直接侵入。病原物靠生长的机械压力或外生酶的分解能力直接穿过植物的表皮或皮层组织。

各种病原物都有一定的侵入途径。病毒只从伤口侵入；细菌可以从伤口和自然孔口侵入；大部分真菌可从伤口和自然孔口侵入，少数真菌、线虫、寄主性种子植物可从表皮直接侵入。真菌大多数是以孢子萌发后形成的芽管或菌丝侵入寄主细胞或组织的。

影响侵入的环境条件主要是温度和湿度。温度和湿度既影响病原物也影响寄主植物。湿度对真菌和细菌等病原物的影响最大。湿度影响孢子能否萌发和侵入，绝大多数气流传播的真菌病害，其孢子萌发率随湿度增加而增大，在水滴（膜）中萌发率最高。如真菌的游动孢子和细菌只有在水中才能游动和侵入；只有白粉菌是个例外，它的孢子在湿度较低的条件下萌发率高，在水滴中萌发率反而很低。另外，在高湿度下，寄主愈伤组织形成缓慢，气孔开张度大，水孔泌水多而持久，保护组织柔软，寄主植物的抗侵入能力大为降低。温度则影响孢子萌发和侵入的速度。真菌孢子在适温条件下萌发只需几小时的时间。如马铃薯晚疫病菌孢子囊在12～13℃的适宜温度下，萌发仅需1 h，而在20℃以上时则需5～8 h。又如葡萄霜霉病菌孢子囊在20～24℃萌发需1 h，在28℃和4℃下则分别需6 h和12 h。

应当指出，在植物的生长季节里，温度一般都能满足病原物侵入的需要，而湿度的变化则较大，常常成为病害发生的限制因素。因而也就不难理解为什么在潮湿多雨的气候条件下病害严重，而雨水少或干旱季节则病害轻或不发生；同样，适当的园艺措施，如灌水适时适度、合理密植、合理修剪、改善通风透光条件、田间作业尽量避免植物机械损伤和注意伤口愈合等，对于减轻病害都十分有效。只有病毒病是例外，它在干旱条件下发病严重，这是因为干旱有利于介体昆虫（如蚜虫）的发育和活动。此外，目前所使用的杀菌剂仍以保护性为主，必须在病原物侵入寄主之前，也就是少数植物的发病初期使用，才能收到比较理想的防效。

（3）潜育期。潜育期指病原物侵入寄主后建立寄主关系到症状显露为止的阶段。潜育期是病原物在植物体内进一步繁殖和扩展的时期，也就是寄主植物调动各种抗病因素积极抵抗病原危害的时期。当寄生关系建立后，病原物就会在寄主体内扩展蔓延，很多病原物扩展范围只限于某些器官和组织，症状的表现也限于这些部位，这种侵染叫局部侵染，所致病害叫散发性病害。

各种病害的潜育期长短不一，常见的叶斑病类潜育期一般为7～15天，枝杆病害10多天至数十天。系统侵染的病害，特别是丛枝类病害，潜育期更长。木腐病有时长达10年或数十年，直到树干中心腐烂成空洞，外表尚难察觉出来。在潜育期，温度的影响比较大。病原物在其生长发育的最适温度范围内，潜育期最短，反之延长。

此外，潜育期的长短也与寄主植物的健康状况有着密切的关系。凡生长健壮、营养充足的树木，抗病力强，潜育期相应延长；而营养不良、树势衰弱的树木，潜育期短，发病快。所以，在潜育期采取有利于园林植物的措施，如保证充足的营养、物理法铲除潜伏病菌或使用合适的化学治疗剂等，都可以终止或延缓潜育期的过程，减轻病害的发生。

潜育期的长短还与病害流行关系密切。潜育期短，一个生长季节中重复侵染的次数就多，病害大发生的可能性增大。

（4）发病期。发病期是指出现明显症状后病害进一步发展的阶段。此时病原物开始产生大量繁殖体，加重危害或开始流行，所以病害的防治工作仍然不能放弃。病原真菌会在受害部位产生孢子，细菌会产生菌脓；孢子形成的迟早是不同的，如霜霉病、白粉病、锈病、黑粉病的孢子和症状几乎是同时出现的，但一些寄主性较弱的病原物繁殖体，往往在植物产生明显的症状后才出现。另外，病原物繁殖体的产生也需要适宜的温度、湿度，温度一般能够满足，在较高的湿度条件下，病部才会产生大量的孢子或菌脓。有时可利用这个特点对病症不明显的病害进行保湿培养以快速地诊断病害。

研究病害的侵染过程及其规律性，对于植物病害的预测预报和防治工作都有极大的帮助。

学习单元2　常见园林植物病害识别

学习目标

→了解常见园林植物病害的发生规律

→掌握常见园林植物病害的症状特征

→能够识别常见园林植物病害

知识要求

一、草坪锈病（见图2—34）

【病原】锈菌属和单胞锈菌属，属真菌担子菌亚门、锈菌目。

【症状】草坪锈病主要危害叶子和叶鞘，也侵染茎干和穗部。夏孢子堆生于叶两面，叶正面比背面的夏孢子堆多，粉质，橙黄色。发病初期，感病叶上出现黄色小点，慢慢扩大并沿叶脉延伸；成熟病斑突起，内生成夏孢子堆。成熟后，表面破裂而散出橘黄色至黄褐色的夏孢子。发病严重时，被害草皮呈现枯黄色到黄褐色，感病植株易干枯死亡。冬季在感病植株的叶片上，可见褐黑色冬孢子堆。

图2—34　草坪锈病

【发病规律】我国各地均有发生。在高羊茅、矮生百慕大、细叶结缕草发生普遍，草地早熟禾上较轻。但可侵入花叶燕麦等地被植物。锈菌以菌丝体和夏孢子在寄主病部越冬。夏孢子在适宜的温度和有水膜的条件下萌发，有气孔侵入或直接侵入寄主，6～10天显症，10～14天后产生夏孢子，继续再侵染。夏孢子可随气流远距离传播，有些锈菌一次传播距离可达上千千米。在发病区，夏孢子随气流、雨水飞溅，人畜机械携带等途径在草坪间和草坪内传播。该病主要在春秋两季发生，侵染适温范围一般在20～30℃。草坪密度高、遮阳、排水不畅、低凹积水均可使小气候湿度过高，有利于发病。

【防治措施】①种植抗病草种或品种。②增施磷、钾肥，适量施用氮肥，合理灌水，降低田间湿度，发病后适时剪草，减少菌源数量。③三唑类内吸杀菌剂防治锈病有较好的保护作用和治疗作用，持效期在50天以上。适期早喷，可达到很好的防效。常用药剂有15%三唑酮可湿性粉剂1 000～2 500倍液，12.5%烯唑醇可湿性粉剂2 000～3 000倍液等。

二、竹丛枝病（见图 2—35）

【病原】病害可能是由真菌和植原体混合引起。

【症状】病枝在健康新梢停止生长后继续伸长，病枝变细，叶形变小，顶端死亡后产生大量侧枝。冬季病枝顶部枯死，逐年反复，产生大量分枝，病枝越来越细，叶片变成鳞片状。最后病枝呈扫帚状或者鸟巢状。4—6 月病枝顶端叶鞘内产生白色米粒状物，是病菌子实体；9—10 月也可产生少量白色米粒状物。

图 2—35　竹丛枝病

【发病规律】病菌在病枝上越冬，病菌从新梢的新叶侵入，5 月上旬至 6 月中旬为侵染盛期。管理粗放、生长衰弱、过密竹林容易发生病害。

【防治措施】①防止病株带入新建竹园，冬季结合清园在 4 月前清除病丛枝。②按时砍去老竹，保持适宜密度，除草施肥，保持竹林更新能力。③必要时 5—6 月喷湿 50% 多菌灵 500 倍液，或 70% 甲基托布津 1 000 倍液。

三、悬铃木白粉病（见图 2—36）

【病原】悬铃木白粉菌。

【症状】侵染悬铃木嫩叶和嫩梢部位，延至茎部，嫩叶两面常布满白粉，引起扭曲变形，嫩梢不发育。展开的叶子主要发生在叶子的掌裂处，呈皱缩状，形成边缘无定形或者白色粉斑，严重时连成片。

图 2—36　悬铃木白粉病

【发病规律】病菌以闭囊壳在病组织上越冬，或以菌丝在芽内和病组织上越冬，在生长季节病菌以分生孢子反复侵染，扩大危害。白粉病较耐干旱，相对湿度在30%~100%内都可萌发，对温度适应范围也较大，温度超过32℃时，大多数白粉菌活动能力下降。

【防治措施】①调节树木种植密度，合理修剪改善通风透光条件，降低林地湿度。②药剂防治：可选用20%粉锈宁2 000倍液，或62.5%仙生1 000倍液，或其他杀菌剂。

四、泡桐丛枝病（见图2—37）

【病原】植原体。

【症状】丛枝发生在干、梢的任何部位，枝条变细，数量增多，叶形变小，局部树叶黄化，花序变叶，以及根系数增加，形状变细。

【发病规律】泡桐丛枝病的传播途径有以下几种：嫁接传播，媒介昆虫传病。目前已经证实的媒介昆虫有茶翅蝽、烟草盲蝽、中国菱纹叶蝉；带病种根传播，带病种根是人为传播泡桐丛枝病的主要途径；菟丝子也可以传病。泡桐种和品种间抗病差异大，传统的留根或平茬育苗发病最重。气温较低的山区，其发病率较低，土壤中P/K值与发病率或感病指数呈反相关。

图2—37　泡桐丛枝病

【防治措施】①选留健株的根作种根，可减少种根带病。必要时用50℃温水浸根10~15 min，杀死种根内潜伏的植原体。②选育和推广抗病品种，提倡混交林的营造。③修除病枝。及时修除幼树和大树上的病枝，可减少病原物的积累和转移，使病情减轻或治愈。对于大病枝、老病枝或接干病枝，采用环剥方法，即在春季环割病枝基部（环割宽度相当于病枝粗度），使其缓缓死去，避免削弱树势。

五、菟丝子（见图2—38）

【病原】旋花科，菟丝子属。

【症状】菟丝子无叶或者退化成鳞片，无根，以细藤缠绕在受害植物叶、茎上，以吸器吸取寄生植物养分和水分，使植物枝叶不能舒展，生长不良、死亡或者被细藤缠绕致死。菟丝子细藤因种类不同有黄、黄白、红褐等颜色。

图 2—38　菟丝子

【发病规律】菟丝子种子在土壤越冬，次年春末夏初萌发，遇寄主植物后形成吸器，之后细藤不断伸长、不断分枝，形成吸器缠绕植物或向四周植物蔓延形成新吸器、新细藤、新分枝，扩大危害面积。菟丝子后期开花结果，果实成熟后开裂，种子散落，休眠越冬。

【防治措施】①发生菟丝子的地块，冬季深翻土地，使种子不易萌发出土。②春末夏初检查新引入植物周围和前一年发生菟丝子的地块，一旦发现立即铲除或喷施除草剂。

复习思考题

1. 说明了解昆虫内部器官的生理功能在害虫防治上的实际意义。
2. 昆虫有哪些行为习性？如何根据昆虫的行为习性来加强对害虫的防治？
3. 说明掌握昆虫的年生活史在害虫控制和益虫利用上的作用。
4. 环境条件对昆虫的生长发育有何影响？如何利用环境条件对害虫种群的负面影响来控制害虫的种群数量？
5. 植物病害的病原分哪两类？
6. 侵染性病害的病原有哪些？非侵染性病害的病原有哪些？
7. 了解病害的侵染循环对植物病害的防治有什么意义？
8. 植物病害诊断的要点是什么？其基本程序有哪些？
9. 什么是病程？病程分为几个阶段？

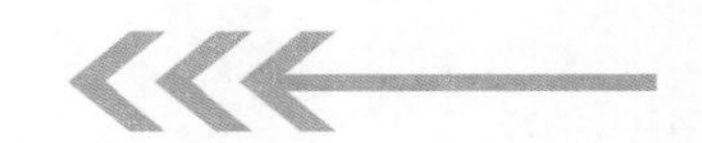

10. 根据天牛危害的特点，谈谈如何对蛀干害虫进行防治。

11. 以香樟、悬铃木为例，说明它们在不同的生长阶段常见的虫害，如何识别？怎样进行防治？

12. 丛枝病危害的植物有哪些？如何识别？怎样进行防治？

第3章

园林花卉的繁殖

第 1 节　园林花卉的播种繁殖

学习目标

→了解播种繁殖的概念、特点

→熟悉种子采收的部位、时间及种子处理和储藏方法

→掌握播种繁殖的方法、时间

→能够进行播种繁殖的操作

知识要求

一、播种繁殖的概念和特点

播种繁殖又称有性繁殖、种子繁殖，是通过播种来进行的一种繁殖方法。它是由植物的雌蕊和雄蕊交配受精后形成胚珠，胚珠发育成种子，种子再通过一定的培育过程而产生新植株的繁殖方法。用种子繁殖的后代称为播种苗或实生苗。播种繁殖的优、缺点见表 3—1。

表 3—1　　播种繁殖的优缺点

优点	缺点
（1）种子细小、质轻，采收、储藏、运输、播种较简便 （2）可在短时内大量产生幼苗 （3）繁殖的植株根系强大，因而地上部分生长亦健强 （4）种子经两性结合，不仅生活力较强，而且适应不良环境的能力亦较强 （5）植株寿命较长	（1）后代对母株的形状不能全部遗传，往往失去原有优良品质或特性 （2）发育至成熟期的时间长，开花延迟 （3）重瓣的优良品种不结实，因此不能进行种子繁殖

二、种子的采收

1. 母株的选择

留种的母株一般要选择生长特别健壮、能体现品质特性、无病虫害的植株。选择的时间一般在花卉的始花期就开始进行。另外，要避免品种之间的机械或生物混杂。

2. 采种的时间和部位

采种的时间一般宜在种子成熟后的晴天晨间进行。

为了采集优良的种子，一般采种的部位宜选择先开的花（特别是第1~3朵花）所结的种子，或着生在主干或主枝上的花所结的种子。

3. 采种的方式

对易开裂的果实（如蒴果），宜提早在蜡熟期采收，以免过熟种子散落；对种子成熟不一致，应随熟随采，分批采种；对果实不会开裂、种子也不易散落的花卉种类，可在整个植株成熟后连株拔起，晾干后再脱粒。

4. 采种后的管理

种子采收后必须立即对种子进行编号，编号时要注明种子采收的日期、种类名称、品种特性（如株高、花色、花期等）。

三、种子的储藏

1. 种子的寿命

种子寿命的长短除遗传因素外，还受种子的成熟度、成熟期的矿质养分、机械损伤、储藏期的含水量以及外界的温度和霉菌的影响。其中以种子的含水量和储藏期间的温度为主要因素。

大多数种子在含水量为5%~6%时寿命最长；含水量低于5%，将使细胞膜的结构破坏，加速种子的衰败；含水量超过8%~9%，则虫害出现；含水量达到12%~14%时，真菌容易繁衍危害；如果达到18%~20%，种子容易发热败坏；而含水量达到40%~60%时，种子则会发芽。

另外，含油脂的种子一般含水量不宜超过9%；含淀粉的种子，含水量不宜超过13%。

在自然条件下，园林花卉种子寿命可以分为短命种子、中命种子和长命种子三类，见表3—2。

表3—2　种子的寿命分类和说明

种子的寿命分类	说明
短命种子	一般只能保持发芽力1年左右。有些花卉的种子如果不在特殊的条件下保存，则保持生活力的时间不超过1年，如报春花类、秋海棠类的种子发芽力只能保持数个月
中命种子	一般能够保持发芽力2~3年。多数园林花卉的种子属于此类
长命种子	一般能够保持发芽力在4年以上，如荷花的种子

2. 种子储藏的原则

种子储藏的原则是尽量降低或减弱种子的呼吸作用，最大限度地保存种子的生命力。

3. 种子储藏的环境条件

种子储藏最理想的环境条件是将种子密封于低温和干燥处。如大多数种子在80%的相对湿度和25～30℃的温度条件下，很快就会丧失发芽力；在低于50%的相对湿度和低于5℃的温度条件下，种子的生活力保持较久。

4. 种子储藏的方法（见表3—3）

表3—3　种子储藏的方法

种子储藏的方法		说明
一般储藏方法	干燥储藏法	将种子在充分干燥后放入纸袋或纸箱中保存
	低温储藏法	将种子在充分干燥后储藏在1～5℃的低温条件中
	干燥密封法	将经过充分干燥的种子和硅胶（硅胶量约为种子的10%）一起放入密闭容器中。这样当容器中的空气相对湿度超过45%时，硅胶的彩色就会从蓝色变为粉红色，这时就应换用蓝色的干燥硅胶。而换下的粉红色硅胶在120℃烘箱中逐渐脱水后又会转成蓝色，可再次使用
特殊储藏方法	水藏法	某些水生花卉，特别是一些在水中结种子的浮水花卉，如睡莲、王莲、萍蓬莲等，其种子必须储藏在水中才能保持发芽能力
	层积储藏法	某些花卉种子在较长期的干燥条件下，容易丧失发芽力，只有将它们的种子与湿的沙子（沙子的含水量为15%）层层堆积，才能保证种子的发芽力，如牡丹、芍药的种子

四、种子的品质（见表3—4）和产品类型（见表3—5）

表3—4　种子的品质

种子的品质	说明
品种正确的种子	有了正确的种子，才能获得所期望的品种植物。品种不正确或品种混杂的种子常给花卉培育工作带来失败
发育充实的种子	在同一品种的种子里，种粒大而饱满、分量重的种子往往所含营养物质较多，种胚发育健全；色深并具有光泽的种子往往成熟度较高
富有生活力（生命力）的种子	新采收的种子比陈旧种子具有更高的生命力，其发芽力、发芽率、发芽势都较高
纯洁的种子	种子中混有垃圾、杂质甚至种子上的毛，都会影响种子的萌发
无病虫害的种子	种子往往是病虫害传播的重要媒介。带有病虫的种子播种后萌发的幼苗往往生长不良，达不到生产和观赏的要求

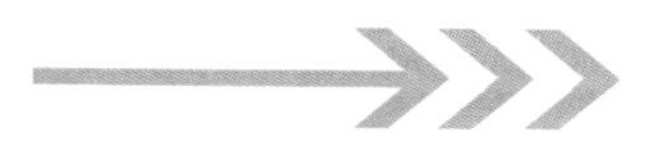

表 3—5　花卉种子的产品类型

种子产品类型	说明
原型种子	采收后，除清除杂物外未进行其他加工处理的种子
整洁型种子	采收后经过加工，除去种子上的毛，使种子清洁，有利于播种操作、种子萌发
丸粒型种子	常在特别细小的种子外面粘合一层泥土之类的物质，改变种子的大小形状，使种子颗粒增大，便于播种操作
包衣型种子	不改变种子的形状，常在种子的表面涂上一层杀菌剂或润滑剂，防止小苗在生长过程中被病菌侵害
经催芽处理的种子	在一定温度条件下，经过化学物质或水的催芽处理成胚根萌动状态的种子

五、播种前种子的处理（见表 3—6、表 3—7）

表 3—6　种子的清洁与选择

种子选择	种子清洁
风选	利用饱满种子与杂物重量不同的原理，将种子分开
水选	利用种子与杂物比重不同的原理，清除夹杂物
筛选	利用种子与杂物粒径不同的原理，选用各种孔径不同的筛子，将种子与夹杂物分开
粒选	从种子中逐粒挑选颗粒大、饱满、色泽正常、无病虫害的种子。此法适用于大粒种子或少数珍贵种子

表 3—7　种子的处理

种子的处理方法		说明
浸种		在播种前将种子浸入冷水、温水或者开水中。浸种的时间一般以不超过 24 h 为宜。如仙客来、文竹等
机械处理	剥壳	对于果壳坚硬、不易发芽的种子，需要在播种前将坚硬的果皮剥除
	挫伤	对于种皮坚硬、不透气、不透水、胚根不易冲破种皮而发芽的种子，可以用锉刀在接近种脐处将种皮略加锉伤，使水分容易进入种子内，促使种子吸收水分，种子胚根萌发。如荷花、美人蕉
拌种		一般用于种子细小、质轻或种子有毛的情况
化学处理		使用酸或碱的溶液对种子进行浸种处理。通过酸碱溶液的浸种使坚硬的种皮变软，从而提高种子的发芽力。使用酸碱处理种子必须把握酸碱溶液的使用浓度、酸碱溶液浸种的时间。用酸碱浸种处理后，种子必须用清水冲洗干净后方可播种

六、播种

1. 种子的消毒（见表3—8）

表3—8　　种子消毒

种子消毒方法	操作方法
福尔马林消毒	在播种前1～2天，将种子放入0.15%的福尔马林溶液中浸15～30 min，取出后密封2 h，再用清水冲洗后摊开阴干即可播种。通常1 kg福尔马林可消毒50 kg种子
高锰酸钾消毒	将种子放入0.5%的高锰酸钾溶液中浸种2 h或3%的高锰酸钾溶液浸种0.5 h，取出密封0.5 h，再用水冲洗阴干后播种。锰对种子发芽有促进作用。但胚根已突破种皮的种子，不宜用高锰酸钾溶液消毒，以防药害
硫酸铜消毒	将种子放入0.3%～1.0%的硫酸铜溶液中浸种4～6 h，取出阴干即可播种
石灰水消毒	将种子放入1%～2%的石灰水中浸种24～36 h进行无氧杀菌
升汞消毒	用1%的升汞水溶液浸种10 min
敌克松	粉剂拌种，药量为用种量的0.2%～0.5%。具体做法：将敌克松药剂混入10～15倍的细土，配成药土进行拌种。这种方法对预防立枯病效果良好

2. 播种的时间

上海地区一年生草本花卉一般在春季4—5月间播种，二年生草本花卉一般在秋季9—10月间播种。耐寒力较强的宿根花卉四季均可播种，但以种子成熟后立即播种为最佳。

温室花卉除炎热的夏季外，其他季节均能进行播种。其播种时间主要是随观赏期而定，如在冬春季观赏的盆花，一般在夏秋季节播种；而在夏秋季节观赏的盆花，一般在冬季或早春播种。

3. 播种的方式和方法

播种的方式见表3—9。

表3—9　　播种的方式

播种方式	说明
点播	多用于大粒种子，并且播种量少。点播就是将花卉种子按一定的距离一粒一粒地放播于穴内。此法具有日光照射、空气流通最为充分，幼苗生长最为健壮的优点，但存在着所育幼苗数量最少的缺点
撒播	将花卉种子均匀地撒于土面。一般在大量播种及细小种子的播种时采用。此法的优点是在单位面积中播种量较多，但由于苗挤，存在日照不足、空气流通不畅的缺点，故易造成幼苗徒长及病虫害蔓延
条播	按一定的株行距开沟将种子播入。一般在品种较多，但每种播种量较少的时候采用

播种的方法有苗床播种、容器播种、育苗穴盘播种三类。其中容器播种又可分为盆播和育苗盘播种。盆播一般采用塔盆播种。塔盆又称播种盆，盆高为 10 cm，盆的口径为 30 cm。育苗盘的长、宽、高分别为 60 cm、24 cm、6 cm。育苗穴盘是一张 70 cm × 35 cm 的塑料盘，经过冲压形成数百个小孔（盆），每个小孔（盆）种一颗植株，在穴底都有排水孔。

目前花卉播种采用容器播种较多。用播种盆播种时，先将播种盆底部的排水孔用碎盆片垫好，然后在上面放置碎盆片或粗沙砾，为盆深的 1/3 左右。再在碎盆片或粗沙砾上面放置筛出的粗细程度中等的培养土，也为盆深的 1/3 左右。最上层放置过筛后的细培养土，为盆深 1/3 左右。

盆土放置完毕后用小木板将土面刮平，并以压土板或砖块压实盆土，使土面距离盆沿 1 cm 左右，然后用细孔喷壶喷水，使盆土充分湿润，也可采用“浸盆法”进行浇水。所谓“浸盆法”浇水，又称“渗透吸水法”浇水，就是将播种盆的下部浸入较大的水盆或水池的水面，使土壤充分吸水。土壤浸湿后即可将盆提出，待盆中过多的水分渗出后再进行播种。

4. 种子萌发的环境条件

（1）适当的水分。成熟的种子水分含量为 10%～14%，播种后种子吸水后，种皮变软，胚乳吸水膨胀，有利于胚根突破种皮而萌发。各种花卉种子在萌发时需要的水量是不同的，种子萌发最佳的土壤水分为土壤饱和含水量的 60%，即一般植物在正常生长下土壤含水量的 3 倍以上。

（2）适宜的温度。对于大多数花卉来说，25～30℃为种子萌发的最适温度，最低温度为 0～5℃，最高温度一般不超过 35～40℃。其中耐寒性花卉种子萌发的最适温度为 21～27℃，最低温度为 10～16℃；不耐寒花卉种子萌发的最适温度为 27～32℃，最低温度为 20℃。

（3）充足的氧气。种子萌发时需要的能量由种子的呼吸作用来供应，如果这时期缺乏氧气，不仅会阻碍胚的生长，而且时间长了还会导致胚的死亡。

（4）光线或光照。一般花卉的种子萌发不需要日光照射，故可在黑暗条件下进行种子萌发。但一些极细小的种子在萌发时需要一定的阳光，如报春花、瓜叶菊、秋海棠。

5. 播种后的管理

播种后用细筛覆土，其厚度一般约为种子直径的 2～3 倍，但小粒种子覆土以不见种子为宜，而细小种子在播种后可不必覆土。覆土后在盆面上要进行覆盖，覆盖可以采用玻璃、报纸、布片，也可采用木板或席帘等物。覆盖主要是为了减少土面的水分蒸发和土表板结。若在盆面覆盖玻璃，必须将玻璃的一端搁起 1 cm，以流通空气，避免湿度过大，且不致在玻璃下形成水滴影响发芽率。

播种后还应注意经常维持盆土的湿润状态，当盆土稍呈现干燥时，应立即用细孔喷壶喷水。当幼苗萌发出土后，必须立即将覆盖物去除，逐渐见光。

技能要求

孔雀草的播种

操作准备

1. 容器准备：育苗盘。

2. 材料准备：培养土，种子（孔雀草），粗土，覆盖物（可以采用玻璃、塑料薄膜、报纸、布片等）。

3. 工具准备：花铲，筛子（0.8～1 cm、0.3～0.5 cm），水桶。

操作步骤

步骤1　育苗盘准备

将育苗盘清洗干净。

步骤2　培养土准备

将经过消毒的培养土打碎，用筛孔0.8～1 cm的筛子过筛备用。

步骤3　装盆

1. 在育苗盘底部先铺一层厚度约1.5 cm的粗土（见图3—1a）。

2. 再在粗土上放置过筛的播种土。然后用木板将土面刮平（见图3—1b）、轻压（见图3—1c），使土面距离盆沿1 cm左右。

a)

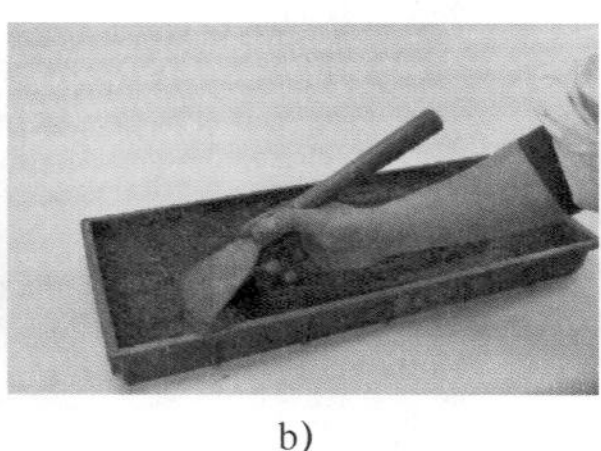
b)

c)

图3—1　装盆

a）填粗土　b）刮平　c）镇压土面

步骤4　播种

将孔雀草种子（见图3—2a）均匀地撒播于育苗盘土面（见图3—2b）。

a)

b)

图 3—2　播种

a）孔雀草种子　b）撒播

步骤 5　覆土

播后用筛孔 0. 3 ~ 0. 5 cm 筛子筛一层细培养土进行覆土，其厚度一般为种子直径的2 ~ 3 倍（见图 3—3）。

图 3—3　覆土

步骤 6　浸盆浇水

播后可采用盆底渗透吸水的方法进行浇水。把育苗盘放置在水里渗水（见图 3—4a），水位应略低于育苗盘，当土壤表面有 2/3 湿润时，即可移出（见图 3—4b）。

步骤 7　覆盖

覆土后用玻璃、塑料薄膜、报纸、布片等在播种盆面上要进行覆盖。

步骤 8　播种后的管理

1. 将播种盆放置于庇荫处，并保持盆土的湿润状态。

a）

b）

图 3—4　浸盆浇水

a）浸盆　b）浇水完毕

2. 早晚将覆盖物打开数分钟，以利通风透气。

3. 当幼苗萌发出土后，必须立即将覆盖物去除。

注意事项

1. 育苗盘装土厚薄要均匀。

2. 撒种要均匀，种子不能重叠。

3. 种子覆土不宜过厚。

4. 浸盆时水面不能超过播种盆土面。

5. 浸水以表土 2/3 湿润即可。

6. 在播种后的管理时，如果播种盆土面干燥，最好也采用浸盆法补充水分。

第 2 节　园林花卉的扦插繁殖

学习目标

→了解花卉扦插繁殖的概念、特点

→熟悉花卉扦插繁殖的时间

→掌握花卉扦插繁殖的方法

→能够进行虎尾兰、杜鹃的扦插

知识要求

一、扦插繁殖的概念和特点

扦插繁殖是切取植物体的一部分营养器官（如根、茎、叶、芽等），利用营养器官的再生能力，将营养器官插入土或沙中，使其生根发芽，成为新的独立的新植物体的方法。经过剪截用于扦插的材料称为插穗，扦插繁殖所得的苗木称为扦插苗。扦插繁殖的优缺点见表3—10。

表3—10　扦插繁殖的优缺点

优点	缺点
（1）能经济利用植物繁殖资源，可进行大量和多季节育苗 （2）能获得与母本持有同一遗传因子的新个体 （3）不存在嫁接繁殖砧木影响接穗的问题 （4）方法简单，操作容易，成活率较高 （5）成苗迅速，开花结实早	比实生苗和嫁接苗的根系浅、抗性差

二、扦插繁殖的时间

扦插繁殖根据时间可分为生长期扦插和休眠期扦插两大类。

1. 生长期扦插

生长期扦插是在植物生长季节进行，具体的时间一般在6~8月，它包括半熟枝扦插、嫩枝扦插。温室盆花的扦插一般也属于生长期扦插范畴，温室盆花在温室条件下一年四季均可进行。

2. 休眠期扦插

休眠期扦插是在植物秋季落叶后至春季萌动前进行，具体的时间一般在11月至次年4月之间。休眠期扦插也称为硬枝扦插。

三、扦插的基质

由于插穗在生根前不能吸收水分和养分，所以基质要求排水透气性能良好，并且在基质中不需要含有丰富的有机质物质。适于作为扦插基质的材料很多，在露地扦插时一般多选用疏松、排水良好的沙质壤土；盆插中常用河沙，若与保水力强的泥炭、山泥等混合使用效果更好。另外，由于插穗在没有愈合前，插穗基部有一伤口，容易被细菌、病毒等有害微生物感染，故扦插基质必须经过消毒才能使用。

四、扦插繁殖的种类及方法

扦插繁殖的方法根据采取插穗的对象不同一般可分为茎插（又称枝插）、叶插和根插三种类型。

1. 茎插

将茎或枝条制作成插穗，来进行扦插繁殖的方法称为茎插。茎插又称枝插。茎插根据扦插的时间、插穗的木质化程度、插穗的取材方式和部位等不同又可分成硬枝扦插、半熟枝扦插、嫩枝扦插、单芽插四种类型，具体繁殖的操作要求见表3—11。

表3—11　茎插（或枝插）的方法

类型	硬枝扦插	半熟枝扦插	嫩枝扦插	单芽插
插穗选择	用已经木质化的1～2年生枝条	选用当年抽生的、生长已充实的、基部已经半木质化的枝条	选取还未开始老熟、变硬的脆嫩枝条	选取单芽
插穗剪截	多截为20～30 cm，下端应在芽的下方2～3 cm处截成水平面，上端应在芽的上部1～2 cm处截成斜形或马耳形	适当去除叶片或将叶剪去1/3～1/2，去掉全部花芽，插穗长为10～15 cm	插穗长为5～10 cm，需保持一部分叶片，插穗下部切口宜靠近节下切取	芽的两端各留1～2 cm
扦插方法	插时一般将插穗斜插入土，与土面成45°角，插入深度为插穗长度的1/2～2/3	斜插，插入深度为插穗长度的1/3～1/2	同半熟枝扦插	

2. 叶插

用叶子作为插穗进行扦插的方法称为叶插。叶插适用于能从叶子上发出不定根和不定芽的花卉种类。凡能进行叶插的花卉，一般都具有粗壮的叶柄、叶脉或肥厚的叶片。用叶子来进行扦插有片叶插和全叶插两种方法。

（1）片叶插。即将一张叶片分切成数块，每块分别进行扦插，如图3—5所示。

（2）全叶插。即以一张完整的叶片作为插穗。全叶插依扦插的位置又可分为平置法和直插法两种方法。

1）平置法。平置法是切去叶柄，将叶片平铺在沙面上，使叶片的下面与沙（或土）面紧贴，则可从叶缘（落地生根）或叶片的基部和叶脉（蟆叶秋海棠）处产生幼小植株，如图3—6所示。

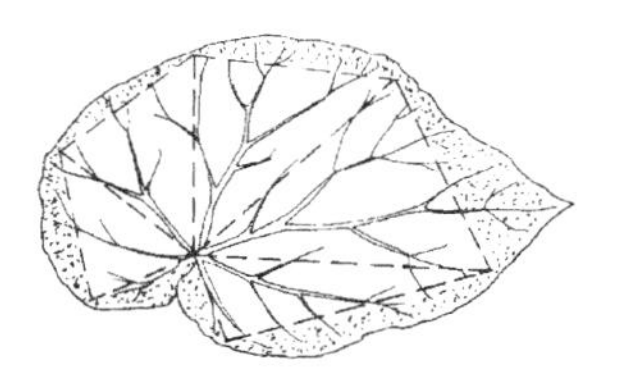

图 3—5　蟆叶海棠片叶插

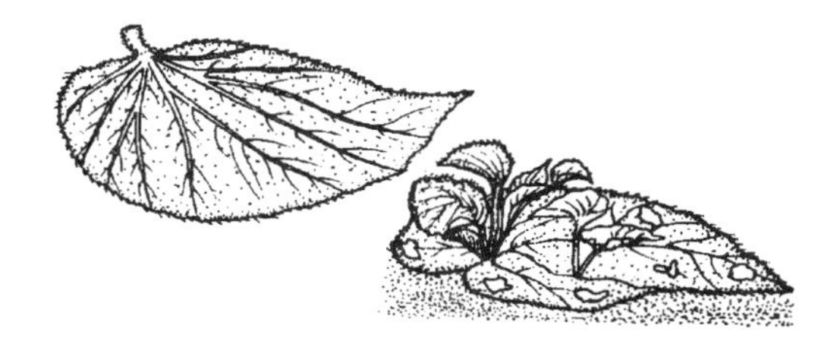

图 3—6　蟆叶秋海棠平置法

2）直插法。直接法是将叶柄插入沙中，使叶片立于沙（或土）面上，叶柄基部发生不定芽，如大岩桐、椒草，如图 3—7 所示。

3. 根插

用根作插穗进行扦插称为根插。根插适用于容易从根部发生不定芽的木本花卉和宿根花卉的繁殖，如玫瑰、芍药等。结合挖苗，先取较直的侧根，剪成 10 ~ 15 cm 长的插穗，春季插入土中，其上端稍露出土面或与土面平齐。也可将插穗平埋在基质中，如图 3—8 所示。

图 3—7　椒草直插法

图 3—8　根插

五、扦插后的管理

1. 影响扦插繁殖成活的环境因子

（1）温度。花卉扦插生根的适宜温度一般较栽培时所需的最适温度高 2 ~ 3℃，基质温度（底温）须稍高于气温 3 ~ 5℃以利于插穗生根，抑制插穗上的枝叶生长。

绝大多数花卉嫩枝扦插的适宜温度一般为 20 ~ 25℃。热带花卉扦插的最适生根温度为 25 ~ 30℃，温带花卉为 20 ~ 25℃，寒带花卉可稍低。

（2）光照。扦插繁殖需要有一定的阳光，特别是带有叶和芽的嫩枝扦插，在日光下进行光合作用会产生生长素促进插穗的生根。但阳光过强也会使插穗干燥、灼伤，降低扦插繁殖的成活率。因此，在扦插繁殖的初期应给予适度的遮阳，使光照降低至 800 ~ 1 000 lx之间（即使遮阳度达到 70% 以上）。

（3）湿度。为了避免插穗枝叶中的水分过分蒸腾，要求保持较高的空气湿度，通常以 90% 左右的相对湿度为宜。其中硬枝扦插可稍低一些，但嫩枝扦插的空气相对湿度要控制在 90% 以上。

插穗在湿润的基质中才能生长。基质中的适宜水分含量依不同花卉种类而有差异。通常基质中的含水量以 50%~60% 为佳，水分过多容易引起插穗的腐烂。

（4）通气。扦插基质通气性差，氧气供应不足，会引起插穗下切口腐烂，因此，扦插基质必须疏松透气，氧气供应充足。

2. 扦插繁殖后的管理措施

扦插后主要的管理工作是浇水。除浇水外，每日还要在叶面进行多次喷水，以提高空气中的湿度，便于插穗早日生根。另外，在扦插繁殖的早期要充分地进行遮阳。遮阳既可降低温度，又可避免由于高温而导致土壤湿度和空气相对湿度的降低，影响扦插的成活率。其他除草、病虫害防治等花卉的日常养护管理工作都要及时进行。

技能要求

1. 虎尾兰叶插

操作准备

1. 容器准备：花盆（5 寸）。
2. 材料准备：培养土，小石子（瓜子片）或粗土，盆栽虎尾兰。
3. 工具准备：花铲，插刀，剪刀，浇水壶。

操作步骤

步骤 1　容器消毒

将花盆清洗干净。

步骤 2　培养土准备

将经过消毒的培养土打碎备用。

步骤 3　装盆土

将花盆底部的排水孔用小石子垫好，然后用花铲在上面放置培养土。培养土放置好后用手稍将培养土按实。

步骤 4　剪取叶子

用剪刀从虎尾兰叶子的基部剪取生长良好叶子，如图 3—9 所示。

步骤 5　插穗制作

将剪取的虎尾兰叶子，剪成长 10 cm 左右的小段作为插穗。插穗取得后还要将插穗基部修平，如图 3—10 所示。

图 3—9　剪取叶子

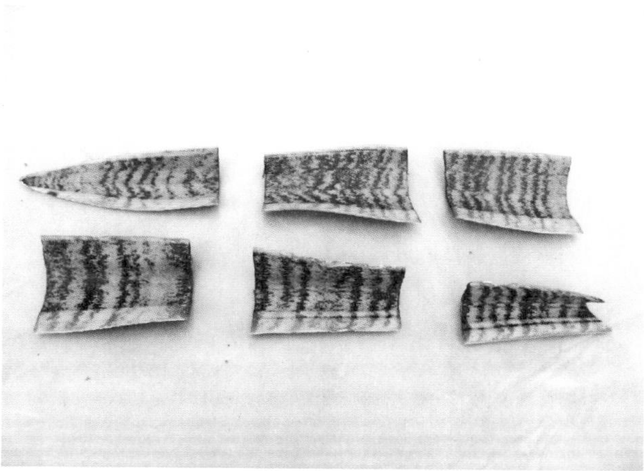

图 3—10　插穗制作

步骤 6　扦插

先用插刀在已装培养土的花盆中深切一刀，再将虎尾兰插穗从土壤切口处插下。然后用手在插穗两侧向下按土壤，使插穗与培养土紧贴，如图 3—11所示。

步骤 7　浇水

用浇水壶对扦插后虎尾兰浇一次充足的水。

步骤 8　扦插后的管理

将花盆放置于庇荫处，并保持一

图 3—11　扦插

定的空气湿度和温度即可。

注意事项

1. 插入培养土中的虎尾兰插穗必须与培养土紧密相贴。

2. 在插后管理中盆土要保持偏干，否则虎尾兰插穗容易腐烂。

2. 杜鹃的扦插繁殖

操作准备

1. 用具准备：剪刀，塑料盆，浇水壶。

2. 材料准备：盆栽杜鹃（大盆，作为母本），培养土（经过消毒、过筛），粗土等。

操作步骤

步骤 1　制作插穗枝条的选择

1. 选择生长健壮、有一定长度、老嫩适中、叶色绿而无病斑、手触摸有弹性、小枝上刚毛已转黄色的已半木质化的当年生新枝。

2. 用手将当年生新梢扳下，如图 3—12 所示。

步骤 2　插穗的加工制作

1. 用剪刀将当年生新梢基部的突出部分剪掉，使插穗长度保留 5 ~ 6 cm，如图 3—13 所示。

图 3—12　制作插穗枝条的选择

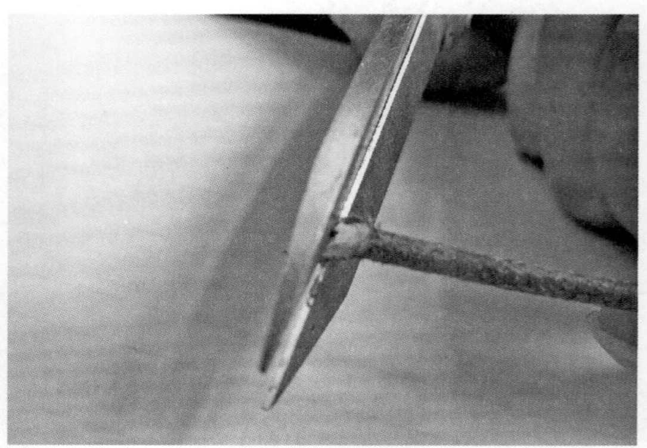

图 3—13　剪新梢基部

2. 用剪刀剪去当年生新梢的嫩梢，如图 3—14 所示。

3. 用手摘除当年生枝条基部全部叶片，夏鹃只保留顶端 5 ~ 6 枚叶片（春鹃保留顶端 3 ~ 4 枚叶片），如图 3—15 所示。

图 3—14　剪新梢的嫩梢

图 3—15　保留顶叶

步骤 3　装盘

将花盆底部的排水孔用小石子垫好，然后用花铲在上面放置培养土。培养土放置好后用手稍将培养土按实。

步骤 4　插穗插入

将插穗垂直插入基质的深度为3 cm左右，为插穗长度的 1/3 ~ 1/2。插穗插入株距以相互不碰为宜，为 4 cm 左右，如图 3—16 所示。

图 3—16　插穗插入

步骤 5　浇水

用喷水壶浇第一次水。第一次水要浇足浇透。

注意事项

1. 插入培养土中的杜鹃插穗必须与培养土紧密相贴。

2. 扦插完成后要进行遮阳或将扦插好的成品放到有庇荫的环境。

3. 在插后管理中盆土要经常喷水保持湿润状态。

复习思考题

1. 什么是播种繁殖？播种繁殖有什么特点？
2. 采种一般选择在什么时候进行？怎样进行种子采收？
3. 种子有哪些储藏方法？
4. 播种前种子有哪些处理方法？
5. 一般播种繁殖在什么时候进行？播种繁殖有哪些方式和方法？
6. 播种后怎样进行管理？
7. 什么是扦插繁殖？扦插繁殖有什么特点？
8. 叙述扦插繁殖的时间、种类、方法。
9. 影响扦插繁殖成活的环境因子有哪些？
10. 扦插后怎样进行管理？

第 4 章

园林花卉栽培——园林植物病虫害防治

第 1 节　园林植物病虫害综合防治

→了解综合防治的概念、特点

→熟悉综合防治的策略

→掌握综合防治方案的制定原则

一、园林植物病虫害综合防治的概念

园林植物病虫害的防治方法很多，各种方法各有优点和局限性，单靠其中一种措施往往不能达到目的，有的还会引起不良反应。随着科学技术的发展和人类对自然界认识的深入，病虫害的防治不仅在技术上不断进步，而且在策略上也发生着不断的变化。综合防治就是对病虫害进行科学管理的体系。园林植物病虫害综合防治，是从园林生态系统的总体出发，根据病虫和环境之间的相互关系，充分发挥自然控制因素的作用，因地制宜，协调应用园艺、生物、物理、化学的方法以及其他必要的措施，将病虫害的危害控制在经济损害允许水平之下，以获得最佳的经济效益、生态效益和社会效益，达到“安全、有效、经济、简便”的准则。

二、园林植物病虫害综合防治的特点

园林植物病虫害综合防治与当今的有害生物综合治理（IPM）的内涵基本一致，都是一种方案，包含了经济、生态和安全环保的要求。它的特点是：从生物多样性和生态系统的角度考虑，认为没有必要彻底消灭有害生物，只要把有害生物控制在经济损害允许水平以下就可以。保留一定的有害生物可以为有害生物天敌提供食料或营养，维持生态系统稳定性和多样性，达到利用自然因素调节有害生物数量的目的。在化学防治上，主张节制用药，只有在必要的情况下才采取化学防治措施，避免对环境造成污染。强调充分发挥自然因素对有害生物的调控作用，重视植物自身的耐害补偿能力和生物防治。只有在有害生物危害所造成的经济损失大于防治费用时才采取必要的防治措施。强调保护生态环境和维护优良的生态系统。可见，综合防治融生态学、经济学和环境保护观点于一体。综合防治在园林植物病虫害的控制体系中能使其长期地发挥作用，在可持续的治理中具有重要的意义。

三、园林植物病虫害综合防治策略

园林植物病虫害综合防治，要在确立目标管理范围和具体目标的基础上，深入了解各系统要素的特性，协调好各要素间关系，使系统的结构趋于合理，才能更好地发挥其功能，并取得良好的综合效应。在实行综合治理的过程中，主要从以下几个方面出发。

1. 从生态系统的整体观点出发

生态系统是整个综合防治的思想核心，园林生态系统是由园林植物、病虫害、天敌和城市独特自然环境构成的生态系统，这个系统中的各个组成部分都不是孤立的，而是相互依存、相互制约的一个整体。其间任何一个组分的变化，都会直接或间接地影响整个植物。病虫害综合防治要以园林生态系统的整体出发，在综合考虑园林植物、病虫害、天敌、环境条件和所防治对象的发生发展规律的基础上，通过有目的、有针对性地调节和控制园林生态系统中的某些组分，营造一个有利于园林植物生长发育和天敌生长发育，而不利于病虫发生发展的环境条件，进而实现长期可持续控制病虫的发生与危害而达到治本的目的。

2. 从保护环境、充分发挥自然控制的角度出发

要充分发挥园林生态系统内部生物相互制约的作用，使园林生态系统进行自我调节、自我控制，但并不排除采用生物防治、化学防治等积极的防治手段，将病虫的种群数量控制在经济损害允许水平之下，不要求完全彻底地消灭病虫。需要强调的是，在实际使用过程中，要从病虫、植物、天敌和环境之间的自然协调关系出发，科学选择及合理使用农药，在城市园林中要特别注意选择高效、无毒或低毒、污染轻的农药，防止对人畜的毒害、污染环境、杀伤天敌、产生药害等一系列负面作用。

3. 从灵活、协调运用各种防治措施的角度出发

园林植物病虫害的防治措施是多种多样的，但任何一种防治方法都并非万能，都有一定的局限性，甚至有些防治措施的功能还是相互矛盾的，有的对一种病虫有效，而对另一种病虫的防治不利。此外，由于病虫的种类、生活习性、发生发展规律也各不相同，采取单一的防治措施往往不能取得理想的防治效果。因此，要根据具体的防治情况，有针对性地灵活采用各种防治措施来进行防治，取长补短、相辅相成。做到以植物检疫为前提，以园林技术防治为基础，以生物防治为主导，以化学防治为重点，以物理机械防治为辅助，以便有效地控制病虫的危害，达到理想的防治效果。

4. 从经济效益和生态效益的角度出发

园林植物病虫害综合治理的目的是控制病虫的种群数量，不是彻底消灭，而是使其危害程度低于经济损害允许水平（EIL）。所谓经济损害水平，是指某种有害生物引起经济损失的最低种群密度。经济阈值（ET），又称防治指标，是为防止有害生物密度达到经济受害水平应进行防治的种群密度。在园林植物病虫害防治中，必须研究病虫的种群数量发展到何种程度才有必要进行防治，如果病虫的种群数量在经济允许水平之上，就要采取必要的防治措施，与此相反，则没有必要进行防治。因此，利用经济损害允许水平和经济阈值指导园林植物病虫害防治，不仅可保证防治的经济效益，而且可以取得良好的生态效益和社会效益。

四、园林植物病虫综合防治方案制定和优化

病虫害的综合防治方案应以建立最优的农业生态系统为出发点，利用自然控制和各种防治措施，把有害生物控制在经济损害允许水平之下的同时，实现病虫害的可持续控制。

1. 综合防治方案制定的基本要求

在制定病虫害综合防治方案时，选择的技术措施首先必须符合“安全、有效、经济、简便”的原则。“安全”是指对人畜、植物、天敌和其他有益生物以及环境无污染和伤害；“有效”是指能有效地控制有害生物，保护园林植物不受侵害或少受侵害；“经济”是指费用低，消耗性生产投入少；“简便”是指因地因时制宜，方法简单易行，便于相关人员掌握应用。

2. 综合防治方案制定过程的原则

综合防治方案的制定作为一种有害生物的管理体系，一般都要经过以下几个阶段。首先，要调查园林植物病虫害的种类，确定主要防治对象以及需要保护利用的重要天敌或益菌类群。其次，要测定主要防治对象种群密度与危害损失的关系，确定科学、简便易行的经济阈值（或防治指标）。再次，研究主要防治对象和主要天敌或益菌的生物学、发生规律、相互作用与各种环境因子之间的关系，揭示病虫害种群数量变动规律，提出控制危害的方法。接着，在进行单项防治方法试验的基础上，提出综合治理的措施组合，要力求符合“安全、有效、经济、简便”的原则，先进行实验，在示范验证后予以推广。最后，在此基础上根据科学研究不断提供的新信息和方法以及推广过程中所获得的经验，再进一步改进和完善治理体系，使 IPM 从单一植物上的单种病虫害、多种病虫害水平，向整个生态系统中的多种植物上的多种病虫害的水平发展。

3. 综合防治方案的类型

（1）以一种主要病虫为防治对象。以一两种主要病虫害为防治对象的综合防治，是综

合防治发展初期实施的一种类型，主要是针对某种园林上的一两种重要病虫，根据其发生和流行规律以及不同的防治措施，采用生物防治和化学防治相结合的办法。这类综合防治尽量减少化学农药的使用量及其对环境的污染，但由于考虑的有害生物种类较少，往往因其他有害生物的危害或上升危害，而影响综合防治的效果。如对月季白粉病的综合防治、棉蚜的综合防治等。

（2）以一种园林植物上所发生的病虫为防治对象。以某种植物为保护对象的综合防治，是为了克服上述缺点而发展起来的，它是综合考虑一种园林植物的多种病虫，并将园林植物、病虫及其天敌作为生态系的组成成分，利用多种防治措施的有机结合，形成有效的防治体系进行系统治理。如万寿菊病虫害的综合治理。

（3）以某个区域为对象的综合防治。是以整个生态区内多种园林植物为保护对象的综合治理。区域综合防治通过对同一生态区内各种植物的综合考虑，进一步协调好植物布局以及不同植物的有害生物防治，可以更好地实现综合防治的目标。这是今后的主要发展方向。

第 2 节　园林植物病虫害防治方法

学习目标

→了解病虫害基本防治方法

→掌握各种防治技术的应用

→能准确计算、配置农药并正确施药

知识要求

园林植物病虫害的防治方法很多，常见的有植物检疫、园林技术、物理防治、生物防治、化学防治等。

一、植物检疫技术

1. 植物检疫的概念

植物检疫又称为法规防治，是国家或地方政府依据法规，对植物或对植物产品，及其相关的土壤、生物活体、包装材料、容器、填充物、运载工具等进行检验和处理，防止检疫性有害生物通过人为传播进、出境，并进一步扩散蔓延的一种保护性植物保护措施。植物检疫与其他防治技术具有明显不同。首先，植物检疫具有法律的强制性，任何集体和个人不得违反。其次，植物检疫具有宏观战略性，不计局部地区当时的利益得失，而主要考虑全局长远利益。最后，植物检疫防治策略是对有害生物进行全面的种群控制，即采取一切必要措施，防止危险性有害生物进入或将其控制在一定范围内或将其彻底消灭。所以，植物检疫是一项最基本性的预防措施，是园林植物保护的一项主要手段。

2. 植物检疫的主要任务

植物检疫的主要任务是禁止检疫性有害生物随种子、苗木、无性繁殖材料及包装物、运载工具等由国外传入或国内传出。将国内局部地区发生的检疫性有害生物封锁在一定范围内，防止传入未发生区。检疫性有害生物一旦侵入新区，则立即采取一切必要措施，予以彻底扑灭。

植物检疫按其职责范围可分成对外检疫（国际检疫）和对内检疫。对外检疫是国家在沿海港口、国际机场以及国际交通要道的口岸设立植物检疫机构，对进、出口和过境的植物及其产品进行检验和处理，以防止本国尚未发生或仅局部发生的危险性有害生物由人为途径传入或传出国境。对内检疫由地方各级农业和林业行政主管部门所属的植物检疫机构实施，以防止传入检疫性有害生物，或对在国内局部地区发生的有害生物，采取封锁和铲除措施，控制其传播蔓延。

3. 植物检疫对象的确定

确定植物检疫对象的一般原则：一是国内或当地尚未发生或局部发生的主要植物的病虫、杂草等有害生物；二是严重影响植物的生长和价值，而防治又比较困难的有害生物；三是容易随同植物材料、种子、苗木和所附泥土以及包装材料等传播的有害生物。

4. 植物检疫的程序

（1）报检。调运和邮寄种苗及其他应受检疫的植物产品时，应向当地有关检疫机构报验，国外引种检疫由引进单位或个人向检疫机构申报。有关省（直辖市、自治区）检疫机构审批后，再按照审批单位的检疫要求和审批意见办理国外引种手续。引进的种子、苗木等抵达口岸时，由引入单位或个人向入境口岸检疫机构申请检疫。

（2）检验。有关植物检疫机构根据报检的受检材料，抽样检验。到达现场后凭肉眼和放大镜对产品进行外部检查，并抽取一定数量的产品进行详细检查，必要时可进行显微镜检查及诱发实验等。

（3）检疫处理。植物检疫处理必须符合检疫法规的有关规定，有充分的法律依据。所采取的处理措施应当是必须采取的，而且应该将处理所造成的损失减少到最低限度。而消灭有害生物的处理方法完全有效，能彻底消灭有害生物，完全阻止有害生物的传播和扩展。安全可靠，不造成中毒事故，无残留，不污染环境。不影响植物的生存和繁殖能力，不影响植物产品的品质、风味、营养价值，不污染产品外观。

处理所采取的措施依情况而定，一般在产地或隔离场圃发现有检疫性有害生物，常由官方划定疫区，实施隔离和根除扑灭等控制措施。关卡检验发生检疫性有害生物时，则通常采用退回或销毁货物、除害处理和异地转运等检疫措施。正常调运货物被查出有禁止或限制入境的有害生物，经隔离除害处理后，达到入境标准的也可出证放行，或运往非受威胁地区，另作加工用。

（4）签发证书。从无检疫性有害生物发生地区调运种子和苗木等繁殖材料，经核实后或从检疫性有害生物零星发生区调运种子和苗木等繁殖材料，凭当地检疫合格证书以及发生检疫性有害生物但经处理后合格，均签发检疫证书。检疫证书由当地植物检疫机构或其授权机构签发。口岸植物检疫由口岸植物检验检疫机构根据检验检疫结果签发“检疫放行通知单”或“检疫处理通知单”。

二、园林技术防治

1. 园林技术防治的概念

园林技术防治是利用园林栽培技术来防治病虫害的方法，即创造有利于园林植物生长发育而不利于病虫害危害的条件，促进园林植物生长健壮，增强其抵抗病虫害危害的能力，是病虫害综合治理的基础。园林技术防治的优点是：防治措施结合在园林栽培过程中完成，不需要过多的额外投入，且易与其他措施相配套，因此可以降低劳动力成本，增加经济效益。其缺点是：具有较强的地域性和季节性，且多为预防性措施，在病虫害已经大发生时，防治效果不大且见效慢。

2. 园林技术防治主要措施

（1）选用抗性品种。植物抗性品种是指具有抗一种或几种逆境（包括干旱、涝、盐碱、倒伏、虫害、病害、草害等）遗传特性的植物品种。它们在同样的逆境条件下，能通过耐受、抵抗逆境或通过自身补偿作用而减少逆境所引起的灾害损失。这里所说的植物抗性品种，主要是指抗病虫害的品种。选育和利用抗病虫害品种是一项相当经济、有效且安全的植物保护措施，在综合防治中处于重要地位。当前世界上已经培育出多种抗病虫新品种，如菊花、香石竹、金鱼草等抗锈病品种，抗紫菀萎蔫病的翠菊品种，抗菊花叶线虫病的菊花品种等。

（2）利用健康种苗及繁殖材料。带有病虫害的种苗是有害生物的侵染源，使用带有有害生物的种苗会导致病害的人为传播。此外，品种混杂，籽粒饱满和成熟度不一，或一些种苗被侵染后因生长势减弱造成出苗和生育期参差不齐，不利于田间管理，也为某些有害生物提供了更多的侵染时机，从而加重有害生物的危害。因此，在生产上选用种苗时，应尽量选用无虫害、生长健壮的种苗，以减少病虫害的危害。如果选用的种苗中带有某些病虫，要用药剂预先进行处理，如桂花上的矢尖蚧，可以在种植前先将有虫苗木浸入氧化乐果或甲胺磷 500 倍稀释液中 5 ~ 10 min，然后再栽植。健康种苗可通过健康种苗繁育基地、实行种苗检验与无害化处理及工厂化组织培养脱毒苗等途径或措施而获得。

（3）加强栽培管理。栽培管理涉及一系列的园林技术措施，可以有效地改善小气候环境和生物环境，使之有利于园林植物的生长发育，而不利于有害生物的发生危害。栽培管理主要包括合理布置、科学排灌和合理施肥等。实行园林植物合理布局，可以降低某些病、虫暴发危害的风险性。合理安排作物布局，可以阻止害虫的扩散蔓延、交叉侵染，延长抗病品种的使用寿命，有效地控制害虫，延缓病虫害流行的时间。在园林植物栽培管理中，浇水的方法、浇水量及时间等，都会影响病虫害的发生。植物的生长发育需要多种必要元素的平衡供应，包括氮、磷、钾和其他微量元素。植物的种类和发育期不同，对不同元素需要的量和形式也不同。某些元素的缺乏或过量，均会导致植物生长发育异常，形成类似于病虫危害症状的缺素症或中毒症。在大量元素中，强调氮、磷、钾配合施用，避免偏施氮肥，造成花木的徒长，植物生长嫩绿，分支分蘖多，降低其抗病虫性。微量元素施用时也应均衡，如在花木生长期缺少某些微量元素，则可造成花、叶等器官的畸形、变色，降低观赏价值。在施用有机肥时，要施用充分腐熟的有机肥，防止未腐熟的有机肥大量的虫卵引起地下害虫暴发危害。

（4）保持田园卫生。保持田园卫生，清除田园内的有害生物及其滋生场所，改善田园生态环境，减少有害生物发生危害。植物的间苗、打杈、脱老叶、整枝修剪、刮老树皮，清除田间的枯枝落叶、落果等各种植物残余物，均可将部分害虫和病残体随之带出田园外，减少田园的病虫害数量。田园杂草往往是病虫害的野生过渡寄主或越冬场所，清除杂草可以减少植物病虫害的侵染源。因此，清除病枝虫枝、清扫落叶、及时除草可以消灭大量的越冬病虫。尤其是温室栽培植物，要经常通风透气，降低湿度，以减少花卉灰霉病等的发生发展，尤其是冬季果园的清理，已成为一项有效的病虫害防治措施。

三、物理防治技术

1. 物理防治的概念

物理防治是指利用各种物理因子（温、湿、光、电、声、色等）、人工及器械防治发生病虫害的植物保护措施。物理防治见效快，常可把害虫消灭在盛发期前，但通常比较费工，效率较低，一般作为一种辅助防治措施。但对一些用其他方法难以控制的病虫害，尤其是当有害生物大发生时，往往是一种有效的应急防治手段。

2. 物理防治的方法

物理防治常用方法有人工和机械捕杀、阻隔、诱杀、高温处理、窒息和微波辐射等。

（1）捕杀法。捕杀法是指根据害虫发生特点和规律人为地直接杀死害虫或破坏害虫栖息场所的措施。在害虫防治上，常利用昆虫的群集性、假死性等特点，用捕打、震落、网捕等人工机械方法捕杀害虫。例如，金龟子、夜蛾等害虫具有假死行为，利用震落法消灭。组织人工摘除袋蛾的越冬虫囊，摘除卵块，利用网捕防治那些活动能力较强的害虫，果园利用刮老树皮消灭在其下越冬的害虫和某些病菌繁殖体，利用小地老虎夜间危害后就近入土的习性，于清晨到苗圃捕捉小地老虎以及利用简单器具钩杀天牛幼虫等，这些都是行之有效的措施。

（2）阻隔法。阻隔法是根据有害生物侵染和扩散行为，人为设置各种障碍，切断病虫害的侵害途径，阻止有害生物危害或扩散的一种措施。常用方法有套袋、涂胶、刷白、挖障碍沟和覆盖薄膜等。只有充分了解有害生物的生物学习性，才能设计和实施有效的阻隔防治技术。例如，对有上下树习性的害虫可在树干上涂毒环或涂胶环，或绑塑料薄膜等设置障碍，从而杀死或阻止其上树。果实套袋，可以阻止多种食心虫在果实上产卵。对于无迁飞能力只靠爬行的害虫，为阻止其危害和转移，可在未受害植株周围挖沟。对一些根部病害，也可以在受害植株周围挖沟，阻隔病原菌的蔓延，以达到防治病虫害传播蔓延的目的。许多叶部病害的病原物是在病残体上越冬，覆盖薄膜后土壤温度、湿度提高，加速病残体的腐烂，减少了侵染来源，薄膜对病原体的传播起到了机械阻隔作用，因此，花木栽培地早春覆膜可大幅度地减少叶部病害的发生。此外，在设施农业中利用适宜孔径的防虫网，可以避免绝大多数害虫的危害。

（3）诱杀法。诱杀法主要是指利用害虫的趋性，设置诱虫器械或化学毒剂的诱物来防治害虫的一类方法，利用此法还可以预测害虫的发生动态。常见的诱杀方法有灯光诱杀、食饵诱杀和潜所诱杀等。

1）灯光诱杀。灯光诱杀是利用害虫的趋光性，采用黑光灯、双色灯或高压电网来诱杀防治害虫。还包括利用昆虫对颜色的趋避诱杀害虫的方法。许多昆虫都具有不同程度的趋光性和趋色性，绝大多数夜出性昆虫对紫外光最敏感，同翅目昆虫（蚜虫、粉虱、飞虱等）和美洲斑潜蝇成虫对黄色具有趋性，生产上采用黄色黏胶板或黄色水皿进行诱杀。利用黑色灯诱虫，除能消灭大量虫源外，还可以用于开展预测预报和科学实验，进行害虫种类、分布和虫口密度的调查，为防治工作提供科学依据。安置黑光灯，应以安全、经济、简便为原则。黑光灯诱虫时间一般在5—9月，黑光灯要设置在空旷处，选择闷热、无风、无雨、无月光的夜晚开灯，诱集效果最好，一般以晚9—10时诱虫最好。灯光诱杀的缺点是在诱杀害虫的同时，也诱杀了害虫天敌。

2）食饵诱杀。食饵诱杀是利用害虫对食物的趋化性，在其所嗜好的食物中（糖、醋、麦麸等）通过配置适当的毒剂，制成各种毒饵来诱杀害虫的一种方法。例如，蝼蛄、地老虎等地下害虫，可用麦麸、谷糠等制成毒饵来诱杀。地老虎、梨小食心虫和黏虫成虫，通常以糖醋液作饵料来诱杀。利用新鲜马粪诱杀蝼蛄，利用多聚乙醛诱杀蜗牛和蛞蝓。

3）潜所诱杀。潜所诱杀是利用某些害虫的越冬潜伏或白天隐蔽的习性，人工设置各种适合害虫潜伏的场所来诱杀害虫的一种方法。注意，诱集后一定要及时消灭。例如，有些害虫喜欢选择树皮缝、翘皮下等处越冬，可于害虫越冬前在树干上草把，引诱害虫前来越冬，在田间插放杨柳枝把，诱集棉铃虫成虫，将诱集来的害虫集体消灭。

（4）温度处理法。利用高温或低温导致有害生物的死亡和失活来控制或杀死有害生物的一种方法。利用该方法常需严格掌握处理温度和处理时间，以避免对植物造成伤害。

1）温汤浸种。温汤浸种就是用热水处理种子和无性繁殖材料来防止其上带菌的一种方法。温汤浸种的温度和时间应根据不同的处理对象具体选定，通常需要通过预备实验选择适宜的温度和处理时间，以能有效地杀死有害生物而不损害园林植物。温汤浸种时，一般先将种子在较低温度（20℃左右）的水中预浸 4～6 h，可提高种子在温汤浸种时的传热能力，从而提高效果。如用 55℃的温汤浸种 30 min，对番茄早疫病、水稻恶苗病有较好的防治效果。用 50℃温水浸桃苗 10 min，可防治桃黄化病毒，用开水或热水处理豌豆或蚕豆可杀死其中的豌豆象和蚕豆象。

2）高温处理。高温处理主要是利用高温对土壤进行消毒（烧、烘、晒等）或利用热水或热空气处理感染病毒的植株或繁殖材料（种子、接穗、苗木、块茎和块根等），以获得无病毒的植株或繁殖材料的一种方法。如用塑料薄膜覆盖潮湿土壤，利用强光保持 4 周以上，能杀死或减少土壤中的很多病原菌，控制或减轻土传病害的发生。用 80～90℃的热蒸汽处理温室和苗床的土壤 30～60 min，可杀死绝大多数病原物和害虫。将感染马铃薯卷叶病毒的马铃薯块茎在 37℃下处理 25 天，即可生产出无毒的植株。对收获后块茎和块根等采取高温愈伤处理，可促进伤口愈合，以阻止部分病原或腐生物的侵染与危害。

（5）窒息法。窒息法是指运用一定的充气技术（如充 N_2 或 CO_2 等），降低大气中氧的含量，导致害虫缺氧窒息而死亡的一种措施。该方法对含水分较高且易变质粮食的保存效果良好。如先将粮食用塑料幕布严密封闭，抽出幕内空气，再充入适量 N_2，使粮食长期处于严重缺氧的环境中，以降低粮食呼吸强度，抑制微生物活动，并杀死害虫。

（6）辐射法。辐射法是利用电波、γ 射线、X 射线、红外线、紫外线、激光、超声波等电磁辐射进行有害生物防治的技术，包括直接杀灭和辐射不育。γ 射线是储粮害虫、干果害虫和中草药害虫防治的有效方法。利用适当剂量放射性同位素衰变产生的 α 粒子、β 粒子、γ 射线、X 射线处理昆虫，可以造成昆虫雌性或雄性不育，进而利用不育昆虫进行害虫种群治理。这类技术在室内研究中具有广泛的杀灭病虫的效果，但目前能进行大面积应用的方法较少。

四、生物防治技术

1. 生物防治的概念

生物防治是利用生物及其产物来控制病虫种群数量的一种防治技术。传统生物防治主要是保护和利用天敌、引进天敌以及进行人工繁殖与释放天敌控制害虫发生。自 20 世纪 70 年代以来，随着微生物农药、生化农药以及抗生素类农药等新型生物农药的研制与应用，人们把生物产品的开发与利用也纳入害虫生物防治工作之中。

2. 生物防治的特点

从保护生态环境和可持续发展的角度讲，生物防治是最好的防治方法之一，具有如下优点。生物防治对人、畜、植物安全，不杀伤天敌，对环境影响极小。有益生物活体防治对有害生物可以达到长期控制的目的，不会引起害虫的再次猖獗和形成抗药性，对害虫种群具有经常性、持久性的抑制作用。生物防治的自然资源丰富，易于开发，且防治成本低，是综合防治的重要组成部分和主要发展方向。但生物防治也具有很大的局限性，主要体现在：一是生物防治效果慢，没有化学农药见效快，在有害生物大发生后常无法控制。二是生物防治的控制效果受外界环境的影响较大，防治效果有时不稳定。三是不易批量生产，而且产品质量不易控制，储存和运输受到限制，使用不如化学农药简便。同时目前可用于大批量生产使用的有益生物种类还太少。四是生物防治专化性较强，对于一些防治要求高而且需在较大范围内同时控制多种主要有害生物时，较难实施种群有效治理。

3. 生物防治的方法

（1）以虫治虫。以虫治虫就是利用天敌昆虫来防治害虫的一种方法。这种方法的最大优点是不污染环境，不受地形控制，在一定程度上还可以保持生态平衡。

天敌昆虫可分为捕食性天敌昆虫和寄生性天敌昆虫两大类型。捕食性天敌昆虫通过取食直接杀死害虫，在自然界中抑制害虫的作用和效果十分明显。捕食性天敌主要有蜻蜓、螳螂、瓢虫、草蛉、胡蜂、步甲、猎蝽、花蝽、食蚜蝇、捕食螨等。寄生性天敌昆虫是指在生活史的某一时期或终生附着在其他动物（寄生）的体内或体外，并吸取寄主的营养物质以维持生存的一类昆虫。寄生性天敌昆虫主要包括寄生蜂和寄生蝇。依据寄主的虫态可分为卵寄生（赤眼蜂）、幼虫寄生（棉铃虫金小蜂）、蛹寄生（广大腿小蜂）和成虫寄生（金龟子寄蝇），凡被寄生的卵、幼虫或蛹，均不能完成发育而死亡。有些寄生性昆虫在自然界的寄生率较高，对害虫能起到很好的控制作用。

（2）以菌治虫。以菌治虫就是利用害虫的病原微生物来防治害虫。可引起昆虫致病的病原微生物种类较多，有细菌、真菌、病毒、原生动物、立克次氏体、线虫等。利用病原微生物防治害虫，具有繁殖快、用量少、不受园林植物生长阶段的限制、与少量化学农药混用可以增效、药效一般较长等优点。近年来，以菌治虫作用范围日益扩大，是目前园林害虫防治中最有推广应用价值的类型之一。生产上以病原细菌、病原真菌和病原病毒应用较为广泛。

目前用于防治实践的昆虫病原细菌主要有苏云金杆菌（Bt，主要包括杀螟杆菌、青虫菌、7216、82162 等）、金龟子芽孢杆菌和缓死芽孢杆菌，其中以苏云金杆菌应用最为普遍。

能够引起昆虫致病的病原真菌很多，有白僵菌属、绿僵菌属、虫霉属等。其中以白僵菌寄主范围广，致病力和适应性较强，应用最为普通。白僵菌可寄生于鳞翅目、鞘翅目、同翅目、直翅目、半翅目等 15 科 200 多种昆虫和螨虫的虫体内。

（3）以病毒治虫。利用病毒防治害虫的主要优点是专化性强，在自然情况下，某种病原病毒往往只寄生一种害虫，不存在污染与公害问题，在自然界中可长期保存，反复感染，有的还可遗传感染，从而造成害虫流行病。昆虫病毒在害虫防治实践中以昆虫核型多角体病毒和颗粒体病毒为主。我国目前应用于不同规模防治的有菜青虫 GV、棉铃虫 NPV、斜纹夜蛾 NPV、小菜蛾 GV、舞毒蛾 NPV 和美国白蛾 NPV 等。

（4）以有益动物治虫。可用来防治园林植物害虫的有益动物有蜘蛛和螨类、两栖类、鸟类等。蜘蛛为肉食性，主要捕食昆虫，对某些害虫的种群数量发展有明显的抑制作用，主要有环纹狼蛛、水狼蛛、草间小黑蛛、八斑球腹蛛等是害虫天敌的优势种群。捕食性螨类，如植绥螨、长须螨等，已能人工饲养繁殖并释放于果园、温室和田间，对防治叶螨收到良好的效果。两栖类中的青蛙、蟾蜍等，主要以昆虫及其他小型动物为食，所捕食的昆虫绝大多数为农林害虫。我国鸟类有 1 200 余种，其中食虫鸟约占半数，在控制林木和农业害虫发挥着重要作用。除严禁捕鸟外，还要为鸟类创造良好的栖息环境，挂设人工鸟巢来保护和招引益鸟。

（5）以菌治病。利用有益生物及其产物来抑制病原体的生存和活动，从而减轻病害的发生，这种防治病害的方法，称为以菌治病。以菌治病的主要作用机制是通过微生物之间的拮抗作用实现的。这是目前生物防治研究中的一个重要内容，并且在病害防治中有很多应用。

诱导抗性是植物在受到一种病原物的侵染后，对另一种病原物的后续侵染表现抗性。如利用诱变技术处理获得烟草花叶病毒的弱毒株系，通过接种减轻烟草花叶病的危害，利用柑橘衰退病毒的温和性株系保护柑橘等。

在植物病害发生过程中，拮抗生物主要通过直接侵染和杀死病原物，产生抗生物质抑制或杀死病原物来控制病害的发生。如土壤中的腐生木霉可以寄生立枯丝核菌、腐霉、小菌核菌和核盘菌等多种植物病原真菌，某些木霉制剂已被用于植物病害的防治。许多拮抗生物，包括放线菌、真菌和细菌等，可以产生抗菌物质抑制或杀死植物病原物，从而减轻或控制病害的发生，如我国研制的井冈霉素是由吸水链霉菌井冈变种产生的水溶性抗生素，已经广泛应用于纹枯病的防治。一些腐生性较强的根际微生物生长繁殖较快，能迅速占领植物体上可能被病原物侵入的位点或竞争夺取营养，从而控制病原物的侵染。如菌根真菌以及可以促进植物生长的荧光假单胞杆菌和芽孢杆菌等根际微生物，许多已被开发用于植物的防病增产。

五、化学防治技术

1. 化学防治的概念

化学防治是指用化学农药来防治农林作物害虫、病害、杂草及其他有害生物的一种方法。它是目前国内外对有害生物防治所采用的最广泛的防治手段，在病虫综合防治中占有重要地位。

2. 化学防治的特点

化学防治具有效率高、见效快、防治效果好、使用方法简单、受季节影响小、适合于大面积使用等优点，可以用于各种有害生物的防治，特别在有害生物大发生时，它可以在短期内有效地控制危害，这是其他防治措施无法比拟的。但是，化学防治也存在一些明显的缺点：一是长期使用化学农药，会造成某些有害生物产生不同程度的抗药性，致使常规用药量无效。二是杀伤天敌，破坏生态系统自然种群平衡，造成有害生物的再猖獗或次要有害生物上升危害。三是残留污染环境，特别是毒性较大的农药，对环境易产生污染。概括起来可称为“3R 问题”，即抗药性、再猖獗、农药残留。因此，使用化学农药必须注意发挥其优点，克服其缺点，才能达到化学防治的目的，并对有害生物进行持续有效的控制。

3. 农药的分类

农药是指用于预防、消灭或者控制危害农业、林业、牧业生产的各种有害生物和调节植物生长的各种化学药品的总称。农药的品种有很多，其分类的方式也较多，为了研究和使用上的方便，常常从不同角度把农药进行分类，主要有按防治对象、按原料来源和成分、按作用方式三方面分类。

（1）按防治对象分类。按防治对象是农药最基本的分类。此种分类一般可将农药分为杀虫剂、杀菌剂、杀螨剂、杀线虫剂、杀鼠剂、除草剂等。

1）杀虫剂。根据对昆虫的毒性作用及其侵入害虫的途径不同，杀虫剂的分类可见表4—1。

表4—1　杀虫剂的分类及说明

分类	杀虫原理	适用范围
胃毒剂	当害虫取食植物时，药剂随着害虫取食植物一同进入害虫的消化器官，被肠壁细胞吸收后引起中毒死亡的药剂，如敌百虫	适合于防治咀嚼式口器和舐吸式口器的害虫，大都兼有触杀作用
触杀剂	通过昆虫的体壁进入虫体内或封闭昆虫的气门，使害虫中毒或窒息死亡，如大多数有机磷杀虫剂、拟除虫菊酯类杀虫剂等	对各种口器的害虫都适用，但对体被蜡质分泌物的介壳虫、木虱、粉虱等效果差
内吸剂	施到植物上或土壤中被植物的根、茎、叶等吸收，并传至植物的部分，当害虫取食植物时使其中毒死亡，如乐果、氧化乐果、久效磷等	对防治一些蚜虫、蚧虫等刺吸式口器的害虫效果好
熏蒸剂	由固体或液体转化为气体，通过昆虫呼吸系统进入虫体，使害虫中毒死亡，如溴甲烷、磷化铝等	一般在密闭条件下使用，对于防治隐蔽性强的害虫有特效
异性杀虫剂	对昆虫无直接毒害作用，而是以其特殊的性能通过拒食、驱避、不育等不同于常规的作用方式，最后导致昆虫死亡，包括忌避剂、拒食剂、引诱剂、昆虫生长调节剂等	一般说来，异性杀虫剂的杀虫有效成分不一样，各有特色，而且又具有不同的杀虫作用机理

2）杀菌剂。根据作用方式和使用时间的不同，杀菌剂的分类见表4—2。

表4—2　杀菌剂的分类

分类	杀菌原理	常见杀菌剂
保护剂	在植物感病前（或病原物接触寄生或侵入寄主之前），将药物喷洒在植物表面或植物所处的环境，用来杀死或抑制植物体外的病原物，以保护植物免受侵染的药剂	如波尔多液、石硫合剂、代锰森锌等
治疗剂	植物感病后（或病原物侵入植物后），喷洒药剂处理植物，能直接杀死或抑制植物体内的病原物，使植物恢复健康或减轻病害。许多治疗剂同时还具有保护作用	如多菌灵、甲基托布津等
铲除剂	对病原菌具有直接强烈杀伤作用的药剂。这类药剂容易使植物产生药害，一般只用于播前土壤处理、植物休眠期或种苗处理等	如石硫合剂、五氯酚钠等

3）除草剂。除草剂可按除草剂作用方式、传导性能、使用方式三个方面分类。

①按除草剂作用方式分。按除草剂作用方式可将除草剂分为选择性除草剂和灭生性除草剂。选择性除草剂在杂草和草坪草之间有选择性，即能够毒害或杀死某类杂草，而对目

的植物草坪无伤害，如绿茵 L-1 号、使它隆。灭生性除草剂在杂草和植物之间缺乏选择性或选择性很小，它既能杀死杂草，又会伤害或杀死植物，如草甘膦、克芜踪。

除草剂的选项性和灭生性不是绝对的。选择性除草剂只有在适宜的用药量、用药时期、用药方法和用药对象下才具有选择性。提高用药量或改变用药对象也可将选择性除草剂作为灭生性除草剂应用。如绿茵 L-12 号是选择性除草剂，正常剂量下对结缕草草坪和冷季型草坪安全，但当用量大大高于推荐用量时，则会对草坪造成伤害；如搞错对象用于狗牙根草坪，也会对草坪造成伤害。相反，灭生性除草剂在一定条件下，可用于防除某些杂草。如在暖季型草坪冬季枯黄期使用草甘膦和克芜踪，可防除大部分已经出苗的杂草。

②按除草剂传导性能分。按传导性能可将除草剂分为内吸性除草剂和触杀性除草剂。内吸性除草剂被植物茎叶或根吸收后，能够在植物体内传导，将药剂输送到植物体内的其他部位，直至遍及整个植株。如 2 甲 4 氯、百敌草。触杀性除草剂被植物吸收后，不在植物体内移动或移动较小，主要在接触部位起作用，如绿茵 S-6 号、苯达松、克芜踪。

③按除草剂使用方式分。按使用方式可将除草剂分为土壤处理除草剂和茎叶处理除草剂。土壤处理除草剂在草坪生长期、杂草出苗之前或出土期间使用，如乙草胺、都尔。茎叶处理除草剂在杂草出苗后使用，如苯达松、百草敌、盖草能。

4）杀鼠剂。杀鼠剂品种较多，按其来源分为无机合成、有机合成和天然植物杀鼠剂，按其作用速度可分为速效杀鼠剂和缓效杀鼠剂两大类。

5）杀螨剂。用于防治有害蜱螨。杀螨剂大多具有触杀作用或内吸作用。有些杀螨剂对成螨、幼螨和卵都有效，有些只能杀死成螨而对卵无效；还有些只能杀卵，称为杀卵剂。应当根据螨的种类和防治时期来选用合适的杀螨剂。

6）杀线虫剂。用于防治有害线虫的一类农药。使用药剂防治线虫是现代农业普遍采用的有效方法，一般用于土壤处理或种子处理。杀线虫剂有挥发性和非挥发性两类，前者起熏蒸作用，后者起触杀作用。一般应具有较好的亲脂性和环境稳定性，能在土壤中以液态或气态扩散，从线虫表皮透入起毒杀作用。

大多数杀线虫剂是杀虫剂或杀菌剂扩大应用而成。常用的杀线虫剂按化学分类，主要有卤代烃类、异硫氰酸酯类和有机磷及氨基甲酸酯类三类，见表 4—3。

表 4—3　　常用的杀线虫剂按化学分类

杀线虫剂	说明
卤代烃类	一些沸点低的气体或液体熏蒸剂，在土壤中施用，使线虫麻醉致死。施药后要经过一段安全间隔期，然后种植作物。此类药剂施药量大，要用特制的土壤注射器，应用比较麻烦，有些品种（如二溴氯丙烷）因有毒已被禁用，总的来说已渐趋淘汰

续表

杀线虫剂	说明
异硫氰酸酯类	一些能在土壤中分解成异硫氰酸甲酯的土壤杀菌剂，以粉剂、液剂或颗粒剂施用，能使线虫体内某些巯基酶失去活性而中毒致死
有机磷和氨基甲酸酯类	某些品种兼有杀线虫作用，在土壤中施用，主要起触杀作用

（2）按原料来源和成分分类。按原料来源和成分，农药可分为无机农药和有机农药。

1）无机农药。由于无机农药残留毒性高，防效较低，目前已较少使用。无机杀菌剂包括石灰、硫黄、硫酸铜等，无机杀鼠剂有磷化锌等。

2）有机农药。根据来源和性质，有机农药分成植物源农药（鱼藤、除虫菊、烟草等）、矿物源农药（石油乳剂）、生物源农药（天然有机物、抗生素、微生物）及人工化学合成的有机农药。人工化学合成的有机杀虫剂种类繁多，按其化学成分又可分为有机氯类、有机磷类、氨基甲酸酯类、拟除虫菊酯类、沙蚕毒素类和有机氮类杀虫剂等。有机杀菌剂包括有机硫类、有机砷类、有机磷类、取代苯类、有机杂环类、抗生素类杀菌剂等。有机除草剂包括苯氧羧酸类、二苯醚类、酰胺类、均三氮苯类、取代脲类、苯甲酸类、二硝基苯胺类、氨基甲酸酯类、有机磷类、磺酰脲类、杂环类等。

（3）按作用方式分类。按作用方式，农药可分为杀虫剂和杀螨剂、杀菌剂、除草剂、杀鼠剂。

为了便于区别农药的类别，根据国际惯例统一规定了农药类别颜色标志带，在标签的下方，加一条与底边平行的不褪色的特征颜色标志带，以表示不同农药类别。例如，除草剂用绿色表示，杀虫剂、杀螨剂用红色表示，杀菌剂、杀线虫剂用黑色表示，杀鼠剂用蓝色表示，植物生长调节剂用深黄色表示。

4. 农药的剂型

农药由工厂生产出来未经加工的产品称为原药（原粉或原油）。原药必须加入一定量的助剂（如填充剂、湿润剂、溶剂、乳化剂等），加工成含有一定有效成分一定规格的剂型才能用于生产。原药经过加工后的产品叫作制剂，也叫商品药。农药制剂的形态叫剂型。农药剂型种类很多，包括干制剂、液制剂和其他制剂。一种农药可加工成多种剂型。目前，在生产上应用较多的剂型有乳油、粉剂、可湿性粉剂和颗粒剂等。但其他一些剂型因具有特殊的用途和环保等优势，在生产上也具有一定的用量，开发前景广阔，如可溶性粉剂、悬浮剂、烟剂、微胶囊剂、缓释剂、超低量喷雾机、种衣剂等剂型。

在农药外包装上常用一些字母代表药剂的类型，常见农药符号标识包括：粉剂用 DP

表示，可湿性粉剂用 WP 表示，可溶性粉剂用 SP 表示，乳油（剂）用 EC 表示，悬浮剂用 SC 表示，胶悬剂用 JG 表示，油剂用 OL 表示，水剂用 AS 表示，烟雾剂用 FK 表示，缓释剂用 BR 表示，种衣剂用 SD 表示，颗粒剂用 GR 或 G 表示。

5. 农药的质量鉴别

在购买农药时，除到正规的商店或国家指定的农药经营部门购买外，还必须对农药的外观质量从以下几方面进行初步的鉴别。

（1）查看标签。看外包装标签说明是否完整，字迹是否清晰，特别要注意农药商品标签是否有农药登记证号、农药生产许可证或批准文件号和农药标准号，即所说的农药“三证”。此外，还要查看生产日期和有效期，农药的有效期一般为两年，过期农药质量很难保证。

（2）检查农药包装。包装是否有渗漏、破损，标签是否完整，内容、格式是否齐全、规范，成分标注是否清楚，农药产品包装必须贴有标签或者附说明书，标签或者说明书应当注明农药名称、企业名称、产品批号、农药登证号、生产许可证（或生产批准号）、产品标准号和农药的有效成分含量、质量、产品性能、毒性、用途、使用方法、生产日期、有效期、注意事项，以及生产企业名称、地址、邮政编码、分装单位，其中任何一项内容缺少，均应对质量提出疑问。

（3）外观上判断农药质量。农药因生产质量不高，或因储存保管不当，如外观上发生以下变化，说明农药质量有问题，可能造成农药减效、变质或失效。如粉剂或可湿性粉剂出现药粉结块、结团，说明药粉已受潮；乳油有分层、浑浊或结晶析出，而且在常温下结晶不消失；颗粒剂药粉脱落很多，或药粒崩解很重，包括袋中积粉很多；熏蒸用的片剂如呈粉末状，表明已失效；水剂出现沉淀或悬浮物，加水稀释后出现混浊、沉淀等现象。

农药的物理性质主要指药剂的颗粒大小、附着性、分散性、湿润性、黏着性、乳化性、悬浮率等，其物理性质的好坏直接影响农药的质量和药效的发挥。

6. 农药的配制

（1）药剂浓度表示法。在商品农药中，除有效成分含量低的粉剂和缓释剂可直接施用外，其他的农药剂型因有效成分含量高，必须用稀释剂稀释后才能使用。农药稀释时的浓度表示法有：

百分比浓度表示法——制剂的含药量，即 100 份药剂中含有的有效成分的份数，常以百分比（%）表示。生产中所使用的农药制剂，一般都采用百分比浓度法表示，如 80% 敌敌畏乳油。

倍数法（即稀释倍数）——药剂中所兑的水或其他稀释剂为商品农药的倍数。一般不指出单位面积的用药量，这是按常量喷雾的一种习惯表示法。施药稀释 100 倍或 100 倍以下，计算时要扣除原药剂所占的1份，如稀释50倍，即用原药1份加稀释剂49份。稀释100倍以上，计算时不扣除原药剂所占的份数，如稀释600倍，即用原药1份加稀释剂600份。

（2）农药的稀释计算。在使用农药产品时，对农药浓度的大小掌握与配置，关系到农药喷洒的实际效果与作用。如兑水或其他稀释剂过多，则药剂浓度太低，会降低防治效果；如兑水太少，药剂浓度过高，不仅浪费农药，还会引起药害和人畜中毒事故。所以农药稀释配制时要严格掌握好农药稀释的浓度，稀释农药是农药使用中关键的一环。

1）按有效成分计算。按有效成分计算的通用计算公式为：

原药剂浓度×原药剂质量=稀释药剂浓度×缓释药剂质量

例：将200 mL 80%敌敌畏乳油稀释成0.05%浓度的敌敌畏药液，需要加水多少？

计算：200 mL×80%÷0.05%=320 000 mL

例：要配制0.5%乐果乳油2 000 mL，需40%乐果乳油多少？

计算：2 000 mL×0.5%÷40%=25 mL

2）按稀释倍数法计算。按稀释倍数法计算不考虑药剂的有效成分含量。

①计算100倍以下。计算100倍以下稀释剂用量公式为：

缓释剂用量=原药剂质量×（稀释倍数-1）

例：50%辛硫磷乳油20 mL，加水稀释成50倍液，需要缓释剂多少？

计算：20 mL×（50-1）=980 mL

②计算100倍以上。计算100倍以上稀释剂用量公式为：

稀释剂用量=原药剂质量×稀释倍数

例：用50%辛硫磷乳油10 mL，加水稀释成1 500倍液，需要稀释剂多少？

计算：10 mL×1 500=15 000 mL=15L

注意：农药混合使用时，各农药的取用量要分别计算，而水的用量合在一起计算。在配制时，如果剂型不同，一般顺序是先配置乳油或水剂，然后再配制粉剂。

7. 农药的合理使用及安全使用

（1）农药的使用方法。农药的品种繁多，防治对象和环境条件也不一样，根据目前农药加工剂型和种类不同，使用方法也不尽相同。常用的方法主要有喷粉法、喷雾法、毒饵法、种子处理法、土壤处理、熏蒸法、烟雾法、注射法、涂抹法等。

（2）农药的合理使用。农药的合理使用就是本着“经济，安全，有效”的原则，从综合治理的角度出发，以控制有害生物种群数量为目的，运用生态学的观点来使用农药。

1）正确选药。各种药剂都有一定的性能及防治范围。在了解农药的性能、防治对象及掌握病虫发生规律的基础上，正确选用农药的品种，切实做到对症下药，避免盲目用药。一般选用高效、低毒、低残留的药剂。

2）适时用药。在病虫害调查和预测预报的基础上，掌握病虫害的发生发展规律，选择最有利的防治药剂，既可节约用药，又能提高防治效果。例如，大多数叶部害虫初孵幼虫有群居危害的习性，而且此时的幼虫体壁薄，抗药力较弱，防治效果较好。蛀干类害虫一般在蛀入前用药，有些蚜虫在危害后期有卷叶的习性，对这类蚜虫应在卷叶前用药。而对具有世代重叠的害虫来说，则选择在高峰期进行防治。在病害防治时，一定要在寄主植物发病之前或发病早期用药，尤其是保护性杀菌剂必须在病原物接触侵入寄主前使用。

3）适量用药。施用农药时，对其使用浓度、单位面积上的用药量和施药次数都应有严格的规定，不可任意提高浓度、加大用药量或增加使用次数。否则不仅浪费农药，增加成本，而且易使植物产生药害，甚至造成人、畜中毒等事故。

4）交替用药。在同一地区长期使用一种农药防治某一害虫或病菌，易使害虫或病菌对这种农药产生抗药性，而导致药效降低。为了避免病虫产生抗药性，应在不同的年份（或季节）交替使用不同类型的农药。

5）混合用药。将两种或两种以上的对病害具有不同作用机制的农药混合使用，不仅可以提高药效，延缓病虫产生抗药性，同时还兼治多种病虫，扩大防治范围。农药之间的混用取决于农药的剂型、本身的化学性质，以混合后不产生化学性质和物理性质的变化为原则，如将有机磷类的敌敌畏与拟除菊酯类的溴氰菊酯混合使用，将杀菌剂的多菌灵与杀虫剂的敌百虫混合使用。大多数的农药属于酸性物质，在碱性条件下分解失效，因此一般不能与碱性化学物质混合使用，否则会降低药效。

（3）农药的安全使用。在使用农药防治有害生物的同时，应采取积极的措施，谨慎用药，确保对人、畜及其他有益动物和环境的安全，同时还应该尽可能选用选择性强的农药、内吸性农药及生物制剂等，以保护天敌。操作人员必须严格按照用药的操作规程规范工作。

1）防治农药中毒。农药中毒是指在使用或接触农药过程中，农药进入人体的量超过了正常的最大忍受量，使人的正常生理功能受到影响，出现生理失调、病理改变等中毒症状。防止农药中毒，要注意以下几点：一是施药人员必须身体健康，药物过敏者不能参加施药工作。二是用药人员必须做好一切安全防范措施，配药、喷药过程中应穿戴防护服、手套、口罩、防护鞋等必备的防护用品。三是用药前应清楚所用农药的毒性级别，做到心中有数，谨慎用药，使用剧毒或高毒农药时要严格按照农药安全使用规定的要求执行，尽可能选用高效、低毒、低残留、无污染的农药。四是喷药期间禁止吃东西、抽烟等，中间休息或喷药后要用肥皂洗净手脸和更换衣服。五是喷药过程中，如有不适或头疼目眩，应立即停止喷药离开现场，症状严重时，应立即送往医院。

2）防止产生药害。药害是指由于用药不当而引起植物所出现的各种病态甚至死亡的一系列症状。许多园林植物（如娇嫩的花卉），用药不当时，极容易产生药害，常在叶、花、果等部位出现变色、畸形、枯萎焦灼等药害症状。药害有急性药害和慢性药害之分。在施药后几小时，最多1～2天就会明显表现出药害症状的，称为急性药害；慢性药害则在施药后十几天、几十天甚至几个月后才表现出来。

药害产生的原因：一是药剂因素。药剂的理化性质，用药浓度过高或者农药的质量太差，常会引起药害的发生。二是植物因素。不同的植物、同一种植物的不同品种、同一品种的不同生长发育阶段对药剂的反应不同及对药剂的敏感程序存在差异。如植物表皮的性能、蜡质层、角质层、茸毛、气孔、种子含水量等方面的差异是造成药害的重要原因；植物的生长期较休眠期耐药力差，易产生药害。三是环境因素。高温下植物代谢旺盛，药物的活性也强，易侵入植物组织而引起药害；光照和温度存在直接相关，故强光照也是造成药害的重要原因；湿度过大，某些药剂也易引起药害；另外沙土地、贫瘠地、有机质含量少的地块由于土壤对药剂的吸附性差、植物长势弱、抗逆性差而容易导致药害。

3）安全保管农药

①农药应设立专库单独储存。农药不得和粮食、种子、化肥及日用品混放，严禁把汽油、柴油等易燃物品放在农药仓库内；仓库要牢固，门窗要严密，库房内要求阴凉、干燥、通风，严防受潮、阳光直射和高温，并有防火防盗措施。

②药品要专人负责，健全领发制度。各种农药进出库都要贴上标签，分类存放，并注明品名、数量、入库时间等记账入册，领用药剂的品种、数量，须经主管人员批准，保管人员核验后才能领取。药品领取后，应专人保管，严防丢失。

③药品使用后，要妥善处理。农药喷洒后应倒出桶内剩余残余药液，加入少量清水继续喷洒并用清水清洗干净。当天剩余的药品须全部退还入库，严禁库外存放。药品的包装材料（瓶、袋、箱等）用完后一律回收，集中处理，不得随意乱丢、乱放或作他用。

8. 常用的农药介绍

（1）杀虫剂

1）敌百虫。纯品为白色结晶粉末，在弱碱性条件下可转化成毒性更强的敌敌畏。高效、低毒、低残留、杀虫谱广。胃毒作用强，兼有触杀作用，对人畜较安全，残效期短。对双翅目、鳞翅目、膜翅目、鞘翅目等多种害虫均有很好的防治效果，但对一些刺吸式口器害虫（如蚧类、蚜虫类）效果不佳。生产上常用90%晶体敌百虫稀释800倍液喷雾。

2）辛硫磷。又名肟硫磷、倍腈松，纯品为浅黄色油状液体，在中性或酸性条件下稳定，遇碱易分解，在光照条件下容易分解。高效、低毒、低残留杀虫剂，具有触杀及胃毒作用。对鳞翅目幼虫、蚜虫、黑刺粉虱、蓟马、螨类、龟蜡蚧均有良好的防治效果。施于土壤中可以有效地防治地下害虫，残效期可达 15 天以上。常用 50% 辛硫磷乳油稀释 1 000 ~ 2 000 倍喷雾。

3）溴氰菊酯。又名敌杀死，以触杀作用为主，也有一定的驱避与拒食作用，击倒速度快，对松毛虫、杨柳毒蛾、榆兰叶甲等害虫有很好的防治效果，对螨类、蚧类等防治效果较差，对人畜毒性中等。常用 2.5% 乳油稀释 2 000 ~ 3 000 倍喷雾。

4）杀螟丹。具有胃毒作用强，同时具有触杀和一定的拒食、杀卵等作用。对害虫击倒快，残效期长，杀虫谱广。使用安全，对环境污染少，无残留毒性。对人畜低毒，对鱼、蜜蜂和家蚕有毒，对鸟类低毒，对蜘蛛等天敌无毒。用于防治鳞翅目、鞘翅目、半翅目、双翅目等多种害虫和线虫，对捕食性螨类影响较小。常用 50% 可湿性粉剂稀释 1 000 ~ 2 000 倍液喷雾。

5）灭幼脲。又称灭幼脲三号。低毒杀虫剂，有强烈的胃毒作用，还有触杀作用，能抑制和破坏昆虫新表皮中几丁质的合成，使昆虫不能正常蜕皮饿死，对多种鳞翅目幼虫有特效，对人畜和天敌安全。常用 50% 胶悬剂稀释 1 000 ~ 2 000 倍液，在幼虫三龄前用药效果最好。

6）苏云金杆菌。简称 Bt，是利用苏云金杆菌杀虫菌经发酵培养生产的一种微生物制剂。害虫取食 Bt 后，呈现中毒症状，厌食、呕吐、腹泻、行动迟缓、身体萎缩或卷曲等症状，最后死亡。可用于防治鳞翅目、直翅目、鞘翅目、双翅目、膜翅目等 100 多种害虫。生产上常用 Bt 乳剂 500 ~ 1 000 倍液喷雾。

7）烟碱。从烟草中提取出来一种触杀型植物杀虫剂。其杀虫活性较高，主要以触杀作用为主，并有胃毒和熏蒸作用。主要用于防治鳞翅目、同翅目、半翅目、缨翅目、双翅目等多种害虫。常用 10% 烟碱乳油 800 ~ 1 500 倍液喷雾。

8）苦参碱。又称苦参素，是由中草药植物苦参的根、茎、果实经有机溶剂提取制成的植物杀虫剂。成分主要是苦参碱、氧化苦参碱等多种生物碱。具有触杀和胃毒作用。适用于防治蚜虫、红蜘蛛和鳞翅目害虫，也可防治地下害虫。常用 0.2% 水剂 100 ~ 300 倍液喷雾。

9）吡虫啉。又名一遍净，是一种全新结构硝基亚甲基类内吸超高效杀虫剂，具胃毒和触杀作用。对其他杀虫剂产生抗药性的害虫，使用吡虫啉可使防治效果更佳。该药对人、畜毒性低，对天敌、环境安全。对刺吸式口器害虫防效突出，对鞘翅目、双翅目和鳞翅目也有效，但对线虫和红蜘蛛无效，还可用于种子处理或撒施颗粒方式施药。常用 10% 可湿性粉剂 2 000 ~ 3 000 倍液喷雾。

（2）杀菌剂

1）波尔多液。是一种天蓝色的胶状悬液，杀菌谱广，残效期为 15～20 天。波尔多液由硫酸铜和石灰乳配制而成，杀菌的主要成分是碱性硫酸铜。波尔多液是一种良好的植物保护剂，在病原菌侵入使用防治效果最好，也能防治多种病害，如叶斑病、炭疽病等。波尔多液不能储存，要随配随用。阴天或露水未干前不喷药，喷药后遇雨必须重喷，不能与肥皂、石硫合剂等碱性农药混用。波尔多液有多种配比，常用的配比有 1% 石灰等量式（硫酸铜∶生石灰∶水 = 1∶1∶100）、1% 石灰半量式（1∶0.5∶100）、0.5% 石灰倍量式（0.5∶1∶100）、0.5% 石灰等量式（0.5∶0.5∶100），使用时可根据不同植物对铜或钙离子的忍受力不同来选择不同的配比。

2）石硫合剂。是无机硫类保护性杀菌剂，是生石灰、硫黄粉和水（一般比例为1∶2∶10）熬制成的红褐色透明液体，呈强碱性，有强烈的臭鸡蛋气味，遇酸易分解。杀菌有效成分是多硫化钙，其含量与药液相对密度呈正相关，以波美度数（°Bé）来表示其浓度。多硫化钙溶于水，性质不稳定，易被空气中的 O_2、CO_2 所分解。石硫合剂能长期储存，但液面上必须加一层油，使之与空气隔离。

石硫合剂能防治多种病虫害，如白粉病、锈病、红蜘蛛、蚧虫等。花木休眠期一般用 3～5°Bé。石硫合剂不宜与其他乳剂农药混用，因油会增加石硫合剂对植物的药害，禁忌与容易分解的有机合成农药混用，不宜与砷酸铅及含锰、铁等治疗元素贫乏病的微量元素混用。

3）代森锌。是一种广谱性保护剂，具较强的触杀作用，残效期约 7 天。对人、畜无毒，对植物安全，对多种霜霉病菌、炭疽病菌等有较强的触杀作用。在日光下不稳定，不能和碱性药剂混用，也不能与含铜制剂混用。常用 65% 可湿性粉剂 400～600 倍液和 80% 可湿性粉剂 800～1 000 倍液喷雾。

4）代森锰锌。又名大生、速克净等，是一种高效、低毒、广谱的保护性杀菌剂，属有机硫类杀菌剂。对多种叶斑病防治效果突出，对疫病、霜霉病、灰霉病、炭疽病等也有良好的防效。遇酸碱易分解，高温时遇潮湿也易分解。常用 80% 可湿性粉剂 600～800 倍液喷雾。

5）百菌清。又名达科宁，为取代苯类广谱性保护杀菌剂。对霜霉病、疫病、炭疽病、灰霉病、锈病、白粉病及多种叶斑病有较好的防治效果。对人、畜低毒。常用 75% 可湿性粉剂 500～800 倍液、40% 悬浮剂 600～1 200 倍液喷雾。

6）多菌灵。是一种高效、低毒、广谱的内吸苯并咪唑类杀菌剂，具有保护治疗和内吸作用。不能与铜制剂混用，对植物生长有刺激作用，对混血动物、鱼、蜜蜂毒性低、安全。常见剂型有 50% 可湿性粉剂、25% 可湿性粉剂、40% 悬浮剂。可湿性粉剂常用浓度

400～1 000倍液。

7）三唑酮。又叫粉锈宁，是一种高效、低毒三唑类内吸杀菌剂，具有广谱、残效期长、用量低的特点。能在植物体内传导，具有保护、治疗作用。是防治锈病、白粉病的特效药剂。对鱼类、鸟类安全，对蜜蜂和天敌无害。常用25%可湿性粉剂700～1 500倍液和20%乳油2 000～3 000倍液喷雾。

8）烯唑醇。又名速保利，是一种三唑类广谱杀菌剂，具有保护、治疗和铲除作用。对白粉病、锈病、黑粉病、黑星病等有特效，对人、畜有毒。常用12.5%超微可湿性粉剂3 000～4 000倍液喷雾。

（3）杀螨剂

1）克螨特。属有机硫杀螨剂，具触杀和胃毒作用。药效缓慢，对幼、若、成螨效果好，杀卵效果差。常用剂型有73%乳油，一般用2 000～3 000倍液喷雾。

2）敌杀死。又称绿颖，是一种用白蜡机油加工的机油乳剂，通过封闭害螨气孔，阻止产卵和改变害螨取食行为的物理作用，达到防治害虫的目的。敌杀死能有效杀灭成螨和若螨，但对卵无杀伤力。注意，敌杀死在高温干旱季节不得使用。

3）阿维菌素。又称虫螨克星。高含量制剂对红蜘蛛有防治效果，对卷叶蛾有兼治效果，可选择在卷叶蛾与红蜘蛛同期发生时使用。

4）三唑锡。是触杀作用较强的杀螨剂，可杀灭成螨、若螨和夏卵，对冬卵无效。三唑锡对嫩梢有药害。其药效取决于含量和悬浮率是否达到标准。

5）托尔克。是以触杀为主的长效杀螨剂，22℃气温以上时药效较好，对成螨和若螨杀伤力强，对卵杀伤力不大，喷药后药力释放缓慢，3天后活性增强，到药后4天达到药放高峰。对螨类天敌较为安全。

（4）杀线虫剂

克线磷又叫苯胺磷，属有机磷酸酯类杀线虫剂，具触杀和内吸传导作用，是目前较理想的杀线虫剂。对人、畜高毒，可用于观赏植物多种线虫病的防治，并对蓟马和粉虱有一定的控制作用。常见剂型为10%颗粒剂，可在播种前、移栽时或生长期撒在沟、穴内或植株附近土中。

（5）除草剂

1）2，4—D丁酯。属苯氧羧酸类激素型内吸传导选择性除草剂。常进行苗后茎叶处理，主要用于防治禾本科作物和草坪中的阔叶杂草。

2）草甘膦。又叫农达、镇草宁，属有机磷类内吸传导型灭生性除草剂。主要用于果树、苗圃、林地消灭已长出的各种杂草。

3）百草枯。又叫克芜踪、对草快，为速效触杀型灭生性除草剂，能迅速被植物绿色组织吸收，使其枯死，对非绿色组织无效，对植物根部、多年生地下茎及宿根无效。广泛用于防除果园、林地、农地等地里的阔叶及禾本科一年生杂草，对多年生杂草只能杀伤绿色部分，抑制其生长。

常见园林植物病虫害防治药剂的配制

操作准备

1. 常见园林植物病虫害防治的药剂，专业的配药室。

2. 准备好笔、纸、量器一套（包括量筒、量杯、移液管、天平、药匙、滤纸、搅拌棒）、水（水源）、瓶刷一把、抹布一块、塑料桶一只、废药回收处一处。

操作步骤

步骤 1　药剂选择

1. 根据所给病害或虫害，选择正确的防治药剂种类。

2. 根据选择的药剂种类及防治对象，确定防治药剂施用的浓度。

步骤 2　计算

根据药剂施用的药剂浓度计算原药药量、稀释用水量。

步骤 3　药剂量取

1. 用量筒或天平量取药剂原药，倒入药桶。

2. 用量筒量取稀释用水，倒入药桶。

3. 用搅拌棒搅拌，使药剂充分溶解在水中，并分散均匀。

步骤 4　整理剩余药剂

1. 剩余药剂及时收好，空包装物不乱扔乱放。

2. 废药放在废药回收处。

3. 清洗干净量器、药械。

注意事项

1. 药剂浓度配制要正确。

2. 称取药剂和水的量误差要小。

3. 剩余药剂及时收好，空包装物不乱扔乱放。

4. 药剂配制完毕后，所用器械、容器都要清洗干净。

复习思考题

1. 园林植物病虫害综合防治的策略是什么？
2. 植物检疫的任务有哪些？
3. 满足哪些条件才能被确定为植物检疫对象？
4. 物理机械防治病虫害的方法有哪些？
5. 生物防治的主要方法有哪些？
6. 化学农药防治园林植物病虫害的优缺点分别是什么？

第 5 章

园林花卉的应用

第 1 节　花坛的施工

学习目标

→了解花坛土壤的基本要求和立体花坛放线与花卉种植

→掌握花坛土壤的处理方式

→能够进行平面花坛的放线和花卉种植

知识要求

一、花坛土壤（介质）的准备

1. 花坛土壤（介质）的要求

花坛土壤（介质）的基本要求是疏松、肥沃、清洁，种植表土层深度必须达到 30 cm。其中疏松是指必须对花坛土壤进行必要的翻耕，保证花坛表土层有 30 cm 疏松；肥沃是指花坛的土壤必须富含有机质；清洁是指将花坛土壤中大于 1 cm 以上的石子以及杂草根除去。另外，对花坛土壤进行必要的消毒，清除对植物、人、动物有毒有害的物质。

花坛土壤的理化性状必须符合上海市标准《花坛、花境技术规程（DBJ08—66—1997）》和《园林栽植土质量标准（DBJ—08—231—1998）》中对花坛土壤（介质）的规定要求。花坛土壤理化性状具体要求见表 5—1。

表 5—1　　花坛土壤理化性状要求

指标			类别		
			一级花坛	二级花坛	备注
项目	pH 值		6.0~7.0	6.6~7.5	酸性花卉 5~7
	EC 值（mS/cm）		0.50~1.50	0.50~1.50	
	有机质（g/kg）		≥30	≥25	
	容重（mg/m^3）		≤1.00	≤1.20	
	通气孔隙度（%）		≥15	≥10	
	有效土层（cm）		≥30	≥30	
	石灰反应（g/kg）		< 10	< 10	
	石砾	粒径（cm）	≥1	≥1	
		含量（%）	≤5	≤5	

2. 花坛土壤的处理

整地是花坛施工的基本步骤，是花坛施工过程中不可缺少的、不可马虎的一道工序。

花坛土壤（介质）的整地工具一般选用铁铲或六齿耙。整地时首先进行土壤翻耕。翻耕时的耕深要达到30 cm。翻耕后让花坛土壤在太阳下暴晒几天，进行必要的消毒。然后用六齿耙将花坛土壤的土块敲（砸）碎，同时拣除翻层土壤中的石块、草根、垃圾杂物。再后使土壤自然下沉，以防止种植层中形成空隙，花苗种植后根系不能与土壤紧密结合，影响花苗根部的吸水。最后按花坛设计的要求，用六齿耙将土壤（介质）整成平面，或有一定坡度（坡度不可过大）的倾斜面和龟甲面。

如果花坛土壤（介质）过于贫瘠，则需要增施经过充分发酵腐熟的有机肥料；如果花坛土壤质地过劣，则应该用营养土进行更换，以改善花坛土壤的理化性质，使土壤轻松、空气流通，促进有益微生物的活动。

二、花坛图样的放线

1. 平面花坛的放线

花坛放线又称花坛放样，是将花坛设计图样按比例在花坛种植床上进行放大。放线工具主要有绳子、直尺、皮尺、木桩、木圆规、干沙（或石灰）等。

对具有对称图案的花坛放线，先找出花坛的中心，然后从花坛中心牵出几条细线，分别拉到花坛各处边缘，用量角器确定各线条之间的角度，将花坛分成若干份。

对于具有比较细小的曲线图案花坛的放线，可先在硬纸板上绘制，然后将硬纸板剪成图案模板，再依照模板把图案画到花坛种植床上。

如果花坛图案是连续的，或者图案是较复杂的，可以将花坛分若干块，用铅丝等物制成模板，然后按模板式样逐个放出灰线，这样既方便放线，又不至于图案走样。

花坛图案放线总的过程是由中心开始，逐渐向外推移。放样时不必追求毫厘不差，但也不能误差过大，小的误差可以利用花苗冠幅的大小进行调整。

2. 立体花坛的放线

立体花坛可按照花坛的设计图纸先做模型，然后根据花坛设计图纸及模型，按照比例放大样。

若立体花坛为钢结构，可按照花坛设计图纸注明的材料质地和材料型号进行下料，然后严密焊接。如果花坛体积过大，可以焊接成几个部分，然后运到现场后再进行拼装。

在制作立体花坛时必须准确计算花坛的总重量与地面的荷载，正确处理花坛的地上部分与地下基础的连接。

三、花坛花卉的种植

1. 平面花坛的花卉种植

（1）花坛花卉种植工具和时间选择。花坛花卉的种植主要使用种植铲。花卉栽种时间以阴天或傍晚较为理想。

（2）花坛花卉种植深度和形式。花坛花卉栽种的深度以花卉原来在苗床或花盆中生长的深度为准，严禁种植过深或过浅。

花坛花卉栽种的一般形式多采用梅花形，但在栽种时切忌成行成排或规整梅花形种植花卉，而是应根据花苗或盆栽花卉的大小视情种植。

（3）花坛花卉种植的间距。花坛花卉栽种的间距应根据各种花卉植物的生长规律确定，以花卉在盛花期时花卉的冠径为依据，要求花坛花卉达到盛花期时不露地面为原则。如果种植过密，对花卉生长不利，而且浪费花苗；如果种植过稀，则土壤裸露，影响美观和艺术效果。

（4）花坛花卉种植的顺序。花坛布置时，花卉的种植顺序应按以下方法严格进行操作：

四面观赏的花坛应由中心向外顺序退栽，单面观赏的花坛应由后向前退栽；由高低不同的花卉混栽的花坛，应先栽种植株高的花卉，后栽种植株低矮的花卉；由多年生草本花卉与一二年生草本花卉混合布置的花坛，应先栽种多年生草本花卉，后栽一二年生草本花卉；有图案的花坛，应先栽种图案的轮廓线，然后再栽种内部的填充部分。

（5）花坛花卉种植的质量。种植时必须将花苗充分压实，但又不能压得过实，压得过实会影响水分的下渗，压得过松浇水后花苗会倾斜或倒伏。

花坛在花卉栽植后花卉的花基面应成为一个平面（或者龟甲面）；图案轮廓线必须达到整齐、分明；如有切边，要求切边整齐一致。

花坛花卉栽种完毕后应立即清场，及时浇足透水，使花坛花卉能够及时恢复生长。

2. 立体花坛的花卉种植

（1）丝网及木板、木条回合结构的框架制作。高度不超过 1 ~ 2 m，体形较小、线条简单的立体花坛，可用铁丝网、蒲包作为形体表面的外膜，中央填土步骤见表5—2。

表 5—2　　丝网及木板、木条回合结构的框架制作步骤

序号	步骤名称	具体操作
第一步	制作立体花坛的外部轮廓	为了保证花坛的整体垂直，在制作立体花坛外部轮廓时先需要在花坛的中央立一根柱子，然后在中央柱子的上、中、下三个部位用横木钉牢作为整个立体花坛的支撑，再有间距地在竖向上钉牢，形成立体的外部轮廓
第二步	加蒲包和保护网	用铁丝将蒲包固定在板条外面。由于蒲包质地柔软，不能承受内部填土后的压力，因此必须在蒲包的外围加上一层铁丝网作为保护网
第三步	用土壤填满立体框架的中心	填土从基部开始，并随着蒲包和铁丝网由下往上层层提升
第四步	调整立体形状的轮廓	在向立体中心填土的过程中，要用木槌不断在铁丝网外拍打，以调整立体形状外形，同时使立体中心的土壤达到一定的紧实程度
第五步	栽入花卉	首先用直径为 3cm 左右、长度在 15 ~ 20cm 之间的圆木棒（一头削尖），按照在蒲包上绘好的花纹穿过蒲包扎入土壤，然后顺着棒尖扎出的孔隙将花卉栽入，最后用棒将花卉根系压紧，使之与土壤紧密结合

（2）立体花柱和异形塑体物框架制作。根据设计所需要的大小、形状制作在外围和上方开有方形或圆形（作为方形或圆形盆栽花卉横向或上斜向插入的孔隙）排列孔的钢架，然后根据设计图案将盆花插入排列孔。在制作时首先要注意框架能够承受浇水后盆花的总重量，避免倾斜崩塌；其次要注意框架的高与宽的比例，以达到最佳观赏比例；最后要注意孔的形状、大小、疏密需要根据设计时选用的花卉种类或品种的冠幅、盆的形状、盆的大小等决定。

技能要求

平面花坛花卉的放线与花卉种植

操作准备

1. 工具准备：铁锹，六齿耙，皮尺，撕裂带，灰粉桶，花铲（或种植刀），浇水皮管（或浇水壶）。

2. 用具准备：花坛平面图，木桩，喷头，手套。

3. 材料准备：石灰粉，花卉（根据花坛平面图要求配备），水源。

操作步骤

步骤 1　整地

1. 用铁锹对花坛土壤进行翻耕，翻耕深度为 30 cm 左右。

2. 用六齿耙对花坛土壤进行平整。使花坛的土壤面按照花坛平面图要求成为平面（或倾斜面，或龟甲面）。

步骤 2　放线

1. 根据花坛平面图上标注的尺寸，使用皮尺丈量出花坛图案的基本点。

2. 在基本点上钉下木桩，以控制花坛图案的基本尺寸。

3. 使用皮尺和石灰粉将花坛图案规范清晰地画在花坛土面上。

步骤 3　花卉种植

根据花坛平面图，使用花铲或种植刀将花卉种入花坛内。

步骤 4　浇水

用带喷头的浇水皮管和浇水壶对刚种植花卉的花坛进行浇水。

注意事项

1. 花坛花卉种植顺序要正确。

能够按照由内而外、由上而下、先高后矮、先宿根后一、两年生花苗的顺序种子。

2. 花坛花卉种植的效果要良好

花苗种植位置准确，整体图案清晰，符合设计图要求。

3. 花卉种植后的浇水方法要正确

浇水时水的冲击力不能过大，在浇水皮管前要套上喷头。

4. 花卉种植后的浇水量要充足

花坛种植花卉后的第一次浇水要浇足。

第 2 节　花坛的养护

学习目标

→了解花坛养护的基本标准

→掌握花坛养护的基本技术

→能够进行花坛养护

知识要求

一、花坛的养护技术标准

花坛养护要在符合上海市标准《花坛、花境技术规程（DBJ08—66—1997）》中规定技术要求的基础上，执行上海市工程建设规范《园林绿化养护技术等级标准（DG/TJ08—702—2011）》中的规定和要求。相比较而言，《园林绿化养护技术等级标准（DG/TJ08—702—2011）》中对花坛养护规定要求比《花坛、花境技术规程（DBJ08—66—1997）》中所做的要求严格，技术要求也较高。因此，目前一般采用《园林绿化养护技术等级标准》中对花坛养护的标准执行。上海市工程建设规范《园林绿化养护技术等级标准（DG/TJ08—702—2011）》中对花坛养护的技术标准见表5—3。

表5—3　　花坛养护技术标准

序号	项目	级别	
		二级标准	一级标准
1	景观	（1）色彩鲜明； （2）株行距适宜； （3）缺株倒伏量应小于5%； （4）枯枝残花量应小于5%	（1）有精美的图案和色彩配置； （2）株行距适宜； （3）无缺株无倒伏； （4）无枯枝残花
2	花期	（1）开花期一致； （2）全年观赏期应大于200天； （3）确保重大节日有花	（1）花期一致； （2）全年观赏期应大于300天； （3）确保重大节日有花，花繁叶茂
3	生长	（1）生长基本健壮； （2）茎干粗壮，基部分枝强健，蓬径基本饱满； （3）株高基本相等	（1）生长健壮； （2）茎干粗壮，基部分枝强健，蓬径饱满； （3）花型正，花色纯，株高相等
4	设施	围护设施完好	围护设施完好，协调美观
5	切边	（1）边缘清晰； （2）宽度和深度应小于等于15 cm	（1）边缘清晰，线条流畅和顺； （2）宽度和深度应小于等于15 cm
6	排灌	（1）排水良好，无积水； （2）基本无萎蔫现象，萎蔫率应小于1%	（1）排水通畅，严禁积水； （2）不得出现失水萎蔫现象
7	有害生物控制	（1）无明显有害生物危害状； （2）植株受害率应小于5%； （3）基本无杂草	（1）基本无有害生物危害状； （2）植株受害率应小于3%； （3）无杂草
8	清洁	无垃圾	无垃圾

二、花坛的养护技术

花坛养护管理的总原则是必须做到“两符合、四及时、一保证”，养护管理的主要措施有浇水、中耕除草、切边、修剪、病虫害防治、补植和花卉更换等。

“两符合”，即浇水和切边要符合要求。“四及时”，即及时做好病虫害防治工作，及时清除枯枝、残花、杂草，及时补植花坛中缺株，及时更换花坛中的花卉。“一保证”，即保证花坛内辅助设施（如喷泉、灯光、围栏、雕塑、座椅等）始终完好、清洁。

1. 花坛施肥

花坛一般追肥较少施用，但在花坛施工翻耕土壤（介质）时必须施基肥，以补充花坛土壤中的养分，供花坛花卉开花之需。如果花坛需要追肥，必须注意在追肥时千万不能污染花、叶，并且在追肥后要及时浇水。特别是有球根花卉组成的花坛，追施有机肥料时必须经过充分腐熟，否则球根花卉容易烂根。

2. 花坛浇水

花坛中的花卉种植后必须及时充足浇水，在日常养护中还要进行浇水。特别是高温季节必须每天浇水，并且浇水要足。浇水宜在清晨进行。如浇水后花坛花卉普遍出现萎蔫状态，则说明浇水时是“水过地皮湿”，没有浇透。

浇水工具有皮管、常压喷灌系统、点灌系统。皮管浇水是将皮管直接套在自来水龙头上进行浇水。常压喷灌系统由进水管、提水管、喷头组成，最后由喷头将水喷出。点灌系统由进水管、提水管和点头组成。

花坛浇水一般采用皮管或常压喷灌系统。滴灌主要用于立体整形花坛的浇水，浇水时滴头放在花坛的背面，对花坛花卉的根系部分进行，保持土壤的湿润。

采用皮管浇水时要注意水压过高问题，以免由于水压过高将花苗冲歪、花坛土面凹陷、花坛中的泥土冲到茎叶上。具体可采用三种方法进行。第一种方法是在皮管顶端套一个喷头；第二种方法是用手捏住皮管的顶端；第三种方法是将皮管向天，使水向上喷出，然后自然下降。这三种浇水方法均可避免水的冲击力过大所带来的问题。

3. 花坛切边

切边一般使用铁铲，常在花坛施工时一起进行。切边要求线条流畅和顺，其深度和宽度均为 15 cm。

4. 花坛中耕除草和枯枝残花修剪

中耕除草主要用锄头进行，如小范围也可使用种植铲；枯枝残花修剪主要使用剪枝剪。

中耕除草和枯枝残花修剪必须全年进行，在花坛养护过程必须做到花坛中基本无杂草、枯枝残花量在5%以下。保证重点地区的花坛无杂草、无枯枝残花。

在中耕除草过程中不能损坏或损伤花坛中的花苗。

对于用红绿草等观叶植物组成的、有精美图案的模纹花坛、整形花坛、造景花坛，必须定期用大草剪进行修剪，以保证花坛图案、色彩具较高的观赏效果。

5. 缺株补植

缺株要及时补植，否则影响花坛的观赏。对于重点养护的花坛要求做到无缺株。缺株产生的原因有二：其一是花苗质量存在问题，自然死亡；其二是花苗感染病虫害，被人为拔除。

如果花坛缺株现象严重，则一般不进行补植，而是对花坛花卉进行直接更换。如果花坛存在个别缺株，可分为两种情况区别对待。在花坛中央（中间）或观赏视线集中处存在缺株现象，则必须进行补植；如果缺株是在花坛的边缘（角落）或不影响观赏的情况下不一定需要补植。

花坛补植的花苗规格应该与花坛中原有花苗规格一致，故花坛补植一般应选用备用花苗。如果没有备用花苗，可从花坛的边缘或角落等不影响观赏的地方挖取花苗进行补植。

6. 花坛花卉更换

花坛花卉如果在花坛内种植时间过长，往往会长得过高、高大，产生倒伏，影响花坛的观赏。为保证花坛观赏的效果，同时做到花坛一年四季有花可赏，在一年中必须根据季节和花期对花坛及时更换花卉4~5次。

更换花卉时先将花坛中原有花卉用铁铲挖掉，然后施入基肥、翻耕土壤、平整土壤，最后再选用新的花苗种植。每次花坛花卉更换时土壤露白时间一级花坛不得超过14天，二级花坛不得超过20天。

7. 花坛病虫害防治

花坛花卉一般病虫害较少。但有些花坛花卉在后期容易发生白粉病、蚜虫，因此在进行花坛养护管理时必须注意花坛花卉病虫害的发生情况。如花坛花卉病虫害现象严重，则必须使用药剂（最好使用生物制剂）进行防治。如发现个别花坛花卉患病，一般也不在观赏处喷药，以免造成环境污染，而是及时拔除病株，然后进行补植。

8. 花坛设施维护

花坛中的辅助设施有喷泉、灯光、围栏、雕塑、座椅、侧石等，它们都是花坛的组成部分。花坛的辅助设施除要保持清洁外，还必须经常巡视，对损坏的辅助设施进行维修，保证其能够正常使用。

技能要求

花坛养护

操作准备

准备好锄头、花铲、铁铲和浇水皮管。

操作步骤

步骤 1　除草

用锄头将花坛内的杂草清除。做到花坛内基本无杂草。

步骤 2　补植

用花铲对花坛的缺株进行补种。做到花坛内花卉无空缺。

步骤 3　切边

用铁铲对花坛进行光滑、顺畅切边。保持切边的深度和宽度在 15 cm。

步骤 4　浇水

用皮管对花坛进行浇水。夏季必须在每天的早晨和傍晚进行浇水。浇水时可在皮管顶端套一个喷头，或用手按压住皮管的头部，使水流减缓，以免高水压对花卉的伤害。

步骤 5　换花

用铁铲将花坛内原来已过花期的花卉挖除，然后翻地（同时施基肥）、整地，再种植花卉。

步骤 6　其他工作

每天必须对花坛进行巡视，发现花坛内有垃圾必须马上清理；如有设施损坏、病虫害，必须及时修复、防治。

注意事项

1. 补植的花苗必须与花坛中原有花卉大小相一致。

2. 花坛一般不进行施肥。

3. 病虫害防治要使用对环境不会产生污染的药剂。最好使用生物制剂。

4. 换花时一级花坛土壤露白时间不得超过 14 天，二级花坛土壤露白时间不得超过 20 天。

复习思考题

1. 花坛土壤有什么要求？如果花坛达不到规定标准，应怎样进行处理？
2. 平面花坛花卉种植的要求和过程是怎样的？
3. 叙述花坛养护的要点。

“植物识别与花坛种植”专项职业能力模拟试卷

“植物识别与花坛种植”专项职业能力理论知识考试模拟试卷

注意事项

1. 考试时间：30 min。
2. 请首先按要求在试卷的标封处填写您的姓名、准考证号和所在单位的名称。
3. 请仔细阅读各种题目的回答要求，在规定的位置填写您的答案。
4. 不要在试卷上乱写乱画，不要在标封区填写无关的内容。

	一	二	总分
得分			

得分	
评分人	

一、判断题（第1题～第30题。将判断结果填入括号中。正确的填“√”，错误的填“×”。每题1分，满分30分）

1. 分生组织的细胞排列紧密，无细胞间隙。（　　）
2. 影响植物种子萌发的外界条件主要是水分、温度、氧气等因子。（　　）
3. 榕树的根属于支持根。（　　）
4. 根瘤是细菌—根瘤菌侵入植物的根部形成的。（　　）
5. 根据茎的生长习性，茎可分为直立茎、缠绕茎、攀缘茎、匍匐茎四种。（　　）
6. 台湾相思树叶片的变态属于叶状柄。（　　）
7. 果实类型主要分为真果和假果两大类。（　　）
8. 裸子植物常被俗称为针叶树种。（　　）
9. 乌桕、垂柳、落羽杉、水杉属较耐水湿的树种。（　　）
10. 水松是属杉科的树种。（　　）
11. 水杉繁殖以种子播种为主。（　　）
12. 圆柏属常绿大灌木。（　　）
13. 广玉兰在春季可不带土球移植。（　　）
14. 迎春是半常绿灌木。（　　）

15. 扁刺蛾属园林植物食叶性害虫。（　　）

16. 斜纹夜蛾性信息素只对斜纹夜蛾雄成虫有引诱效果，对其他种类的害虫无效。（　　）

17. 黄杨绢野螟在上海地区一年发生三代，以幼虫在寄主两张叶片缀成的虫巢内越冬。（　　）

18. 白蜡蚧可危害女贞、白蜡等植物。（　　）

19. 杭州新胸蚜既可进行两性生殖，也可进行孤雌生殖。（　　）

20. 瓢虫、草蛉、蚜小蜂等都属于蚜虫的捕食性天敌。（　　）

21. 蛀干性害虫幼虫隐藏在植物体内部为害。（　　）

22. 星天牛在上海地区一年发生一代。（　　）

23. 桑天牛在上海地区两年发生一代，以幼虫在树干内越冬。（　　）

24. 上海地区食根性害虫以蛴螬、地老虎为主。（　　）

25. 防治害虫最好使用高毒、广谱性杀虫剂，既节约成本又省时省力。（　　）

26. 桧柏—梨锈病病菌具有转主寄生的特点。（　　）

27. 马蹄金白绢病不属于植物细菌性病害。（　　）

28. 香樟黄化病属植物生理性病害。（　　）

29. 防治植物病害一般只需要喷洒一次药剂即可达到较好的防治效果。（　　）

30. 波尔多液是一种常用的杀虫剂。（　　）

得分	
评分人	

二、单项选择题（第 1 题~ 第 70 题。选择一个正确的答案，将相应的字母填入题内的括号。每题 1 分，满分 70 分）

1. 马铃薯的茎属于（　　）。

A. 球茎　　B. 块茎　　C. 鳞茎　　D. 根状茎

2. 银杏的叶序属于（　　）。

A. 互生　　B. 簇生　　C. 对生　　D. 轮生

3. 下列不属于肉质类植物的是（　　）。

A. 仙人掌　　B. 景天　　C. 山茶花　　D. 芦荟

4. 裸子植物常被俗称为（　　）树种。

A. 针叶　　B. 阔叶　　C. 狭叶　　D. 卵形叶

5. 下列松科树种中（　　）是落叶乔木。

A. 金钱松　B. 日本五针松　C. 雪松　D. 马尾松

6. 下列树种不属杉科的是（　　）。

A. 柳杉　B. 银杉　C. 水松　D. 落羽杉

7. 下列树种中（　　）是我国特产树种之一。

A. 落雨杉　B. 柳杉　C. 五针松　D. 黑松

8. 下列树种中不宜多移植的是（　　）。

A. 垂丝海棠　B. 五针松　C. 日本柳杉　D. 红叶李

9. 南洋杉属（　　）南洋杉属。

A. 红豆杉科　B. 松科　C. 杉科　D. 南洋杉科

10. 下列树种中不属柏科树种的是（　　）。

A. 侧柏　B. 绒柏　C. 云片柏　D. 竹柏

11. 侧柏的叶为（　　）。

A. 交互对生　B. 对生　C. 互生　D. 轮生

12. 下列树种中属常绿大灌木的是（　　）。

A. 垂丝海棠　B. 圆柏　C. 杜鹃　D. 铺地柏

13. 罗汉松是（　　）。

A. 雌雄同株　B. 雌雄异株　C. 嫁接繁殖　D. 种托蓝色

14. 被称为马褂木的树种是（　　）。

A. 鹅掌楸　B. 厚朴　C. 枫香　D. 含笑

15. 下列树种中不属木犀科的是（　　）。

A. 金桂　B. 月桂　C. 银桂　D. 丹桂

16. 下列树种中属木犀科茉莉花属的是（　　）。

A. 金钟花　B. 连翘　C. 黄馨　D. 丁香

17. 黄馨以（　　）繁殖为主。

A. 压条　B. 嫁接　C. 扦插　D. 播种

18. 下列开花树种中花粉有毒的是（　　）。

A. 紫薇　B. 枇杷　C. 凌霄　D. 金花茶

19. 叶形为剑形的树种是（　　）。

A. 棕榈　B. 凤尾兰　C. 椴树　D. 刚竹

20. 棕竹是（　　）。

A. 棕榈科棕榈属　B. 棕榈科海枣属　C. 棕榈科棕竹属　D. 棕竹科棕竹属

21. 下列竹类中属孝顺竹属的是（　　）。

A. 凤尾竹　　B. 罗汉竹　　C. 苦竹　　D. 斑竹

22. 加拿利海枣是（　　）。

A. 蔷薇科李属　　B. 棕榈科刺葵属　　C. 棕榈科棕榈属　　D. 蔷薇科蔷薇属

23. 绝大多数昆虫采取（　　）方式进行生殖。

A. 两性生殖　　B. 单性生殖　　C. 多胚生殖　　D. 胎生

24. 昆虫的（　　）既是重要生长期，又是对植物严重的危害期。

A. 卵期　　B. 幼虫期　　C. 成虫期　　D. 蛹期

25. 花坛养护花谢后需在（　　）天内更换。

A. 7　　B. 10　　C. 15　　D. 20

26. 下列以老熟幼虫在树下土表层结茧越冬的是（　　）。

A. 黄刺蛾　　B. 丽绿刺蛾　　C. 桑褐刺蛾　　D. 桑毛虫

27. 成虫存在雌雄异型现象的害虫是（　　）。

A. 螟蛾类　　B. 毒蛾类　　C. 蓑蛾类　　D. 夜蛾类

28. （　　）幼虫称为尺蠖，行动时身体一曲一伸，如同人用手量尺度一样。

A. 斜纹夜蛾　　B. 丝绵木金星尺蛾　　C. 黄杨绢野螟　　D. 樟巢螟

29. 下列害虫中不属于夜蛾类害虫的是（　　）。

A. 臭椿皮蛾　　B. 桑毛虫　　C. 小地老虎　　D. 斜纹夜蛾

30. 幼虫能吐丝作茧、体形大且有无毒枝刺的是（　　）。

A. 樗蚕蛾　　B. 雀纹天蛾　　C. 咖啡透翅天蛾　　D. 黄尾毒蛾

31. 又名柳金花虫，幼虫、成虫均危害叶部，取食叶肉，造成叶片孔洞的是（　　）。

A. 柳兰叶甲　　B. 异色瓢　　C. 铜绿丽金龟　　D. 暗黑金龟子

32. 下列不属于刺吸性害虫的是（　　）。

A. 蚧壳虫　　B. 蚜虫　　C. 刺蛾　　D. 木虱

33. 下列属于刺吸性害虫的是（　　）。

A. 木虱　　B. 楸螟　　C. 蛴螬　　D. 星天牛

34. 下列（　　）属刺吸性害虫造成的危害。

A. 植物树干被蛀空　　B. 造成植物叶片的缺刻、孔洞

C. 诱发植物产生煤污病　　D. 根部被咬断

35. 白蜡蚧在上海地区一年发生（　　）。

A. 四代　　B. 三代　　C. 两代　　D. 一代

36. 幼虫在树干内钻蛀危害，成虫羽化时会在树干形成孔洞状羽化孔的是（　　）。

A. 楸螟　　B. 咖啡木蠹蛾　　C. 吉丁虫　　D. 星天牛

37. 徒手捕杀害虫属于（　　）法。

A. 物理及机械防治　　B. 化学防治

C. 生物防治　　D. 园艺防治

38. 下列不属于传染性病害病原物的是（　　）。

A. 植物病原真菌　　B. 植物病原细菌　　C. 植物病毒　　D. 缺素

39. 下列属于侵染性病害的是（　　）。

A. 月季黑斑病　　B. 桃叶珊瑚日灼病

C. 栀子花黄化病　　D. 苏铁冻害

40. 下列不属于病害发生必要条件的是（　　）。

A. 病原物　　B. 合适的环境条件

C. 寄主　　D. 人为因素

41. 白粉病发病的适宜温度一般为（　　）。

A. 10～15℃　　B. 17～25℃　　C. 25～35℃　　D. 35℃以上

42. 下列不属于植物细菌性病害的是（　　）。

A. 樱花根癌病　　B. 马蹄金白绢病　　C. 桃叶穿孔病　　D. 月季根癌病

43. 日本菟丝子属（　　）病害。

A. 植物真菌性　　B. 植物细菌性

C. 寄生性种子植物　　D. 植物线虫

44. 下列属寄生性天敌昆虫的是（　　）。

A. 周氏啮小蜂　　B. 红环瓢虫　　C. 异色瓢虫　　D. 食蚜蝇

45. 肾蕨属于（　　）花卉。

A. 强阴性　　B. 阴性　　C. 阳性　　D. 中性

46. 下列属喜酸性的植物是（　　）。

A. 栀子　　B. 仙人掌　　C. 玫瑰　　D. 天竺葵

47. 促进花卉的营养生长，增加叶片叶绿素的含量，使叶片增大，主要应施（　　）肥。

A. 氮　　B. 磷　　C. 钾　　D. 微量元素

48. 下列属于耐寒性花卉的是（　　）。

A. 羽衣甘蓝　　B. 一串红　　C. 龙舌兰　　D. 鸡冠花

49. 下列属于观茎植物的是（　　）。

A. 佛肚竹　　B. 龟背竹　　C. 八角金盘　　D. 金银茄

50. 下列属露地宿根花卉的是（　　）。

A. 一串红　　B. 菊花　　C. 三色堇　　D. 石竹

51. 下列属露地两年生花卉的是（　　）。

A. 凤仙花　　B. 一串红　　C. 石竹　　D. 百日草

52. 下列属露地一年生花卉是（　　）。

A. 孔雀草　　B. 三色堇　　C. 雏菊　　D. 金鱼草

53. 下列属露地球根花卉的是（　　）。

A. 大丽花　　B. 芍药　　C. 射干　　D. 萱草

54. 仙客来休眠期为（　　）季。

A. 春　　B. 夏　　C. 秋　　D. 冬

55. 露地一年生花卉宜在（　　）播种。

A. 春季　　B. 夏季　　C. 秋季　　D. 冬季

56. 露地两年生花卉多应于（　　）播种。

A. 春季　　B. 夏季　　C. 秋季　　D. 冬季

57. 天竺葵扦插时间以（　　）为宜。

A. 3～4 月　　B. 5～6 月　　C. 7～8 月　　D. 9～10 月

58. 扦插空气湿度以（　　）为宜。

A. 50%～60%　　B. 60%～70%　　C. 70%～80%　　D. 80%～90%

59. 下列不属于枝接方式的是（　　）。

A. 切接　　B. 劈接　　C. 根接　　D. 靠接

60. 一串红的叶是（　　）。

A. 对生　　B. 互生　　C. 轮生　　D. 丛生

61. 凤仙花的果实属于（　　）。

A. 蓇葖果　　B. 荚果　　C. 角果　　D. 蒴果

62. 蜀葵属于（　　）。

A. 锦葵科　　B. 十字花科　　C. 百合科　　D. 白花菜科

63. 下列不属于百合科的是（　　）。

A. 玉簪　　B. 萱草　　C. 紫娇花　　D. 郁金香

64. 一串红种子播后覆土的厚度约为种子直径的（　　）。

A. 1 倍以下　　B. 1～2 倍　　C. 3～4 倍　　D. 5～6 倍

65. 朱顶红的果实属于（　　）。

A. 蓇葖果　　B. 荚果　　C. 角果　　D. 蒴果

66. 文竹属于（　　）。

A. 石蒜科　　B. 百合科　　C. 天南星科　　D. 棕榈科

67. 下列属温室栽培的草本花木是（　　）。

A. 扶桑　　B. 叶子花　　C. 米兰　　D. 樱草

68. 瓜叶菊室内栽培白天的温度不要超过（　　）。

A. 18℃　　B. 20℃　　C. 22℃　　D. 24℃

69. 红花酢浆草叶片属于（　　）。

A. 掌状复叶　　B. 三小叶复叶　　C. 奇数羽状复叶　　D. 三回羽状复叶

70. 一级花坛全年观赏期为（　　）。

A. 100～140 天　　B. 150～180 天　　C. 200～250 天　　D. 大于 280 天

"植物识别与花坛种植"专项职业能力理论知识考试模拟试卷参考答案

一、判断题

1. √　2. √　3. √　4. √　5. √　6. √　7. ×　8. √　9. √　10. √　11. ×　12. ×　13. ×　14. ×　15. √　16. √　17. √　18. √　19. √　20. ×　21. √　22. √　23. √　24. √　25. ×　26. √　27. √　28. √　29. ×　30. ×

二、单项选择题

1. B　2. B　3. C　4. A　5. A　6. B　7. B　8. C　9. C　10. D　11. A　12. B　13. B　14. A　15. B　16. C　17. C　18. C　19. B　20. C　21. A　22. B　23. A　24. B　25. A　26. C　27. C　28. B　29. B　30. A　31. A　32. C　33. A　34. C　35. D　36. D　37. A　38. D　39. A　40. D　41. B　42. B　43. C　44. A　45. A　46. A　47. A　48. A　49. A　50. B　51. C　52. A　53. A　54. B　55. A　56. C　57. B　58. D　59. C　60. A　61. D　62. A　63. C　64. B　65. D　66. B　67. D　68. A　69. A　70. D

“植物识别与花坛种植”专项职业能力操作技能考核模拟试卷

“植物识别与花坛种植”操作技能鉴定

试题单

试题代码：1.1.1。

试题名称：植物识别Ⅱ（春季1）。

考核时间：30 min。

1. 背景资料

植物（实物或标本）：

（1）乔灌木、藤本植物苏铁等50种。

（2）草本植物、温室花卉毛地黄等30种。

2. 试题要求

正确写出指定植物中文名：

（1）乔灌木、藤本植物50种。

（2）草本植物、温室花卉30种。

答　题　卷

考位号		姓名			
乔灌木、藤本植物识别					
序号	植物中文称	序号	植物中文称	序号	植物中文称
1		2		3	
4		5		6	
7		8		9	
10		11		12	
13		14		15	
16		17		18	
19		20		21	
22		23		24	
25		26		27	
28		29		30	
31		32		33	

续表

序号	植物中文称	序号	植物中文称	序号	植物中文称
34		35		36	
37		38		39	
40		41		42	
43		44		45	
46		47		48	
49		50			
草本植物、温室花卉识别					
1		2		3	
4		5		6	
7		8		9	
10		11		12	
13		14		15	
16		17		18	
19		20		21	
22		23		24	
25		26		27	
28		29		30	

（三）评分表

“植物识别与花坛种植”操作技能鉴定

评　分　表

评价要素	配分	评分细则	得分
80 种植物名称	40	正确一题得 0.5 分，错别字每个扣 0.25 分	

考评员（签名）：

“植物识别与花坛种植”操作技能鉴定

试题单

试题代码：1.3.1。

试题名称：花坛种植（1）。

考核时间：60 min。

1. 操作条件

（1）花坛场地（6 m^2）。

（2）100 盆盆花（两种颜色，鲜艳）。

（3）铁锹，齿耙。

（4）种植刀。

（5）花坛图纸。

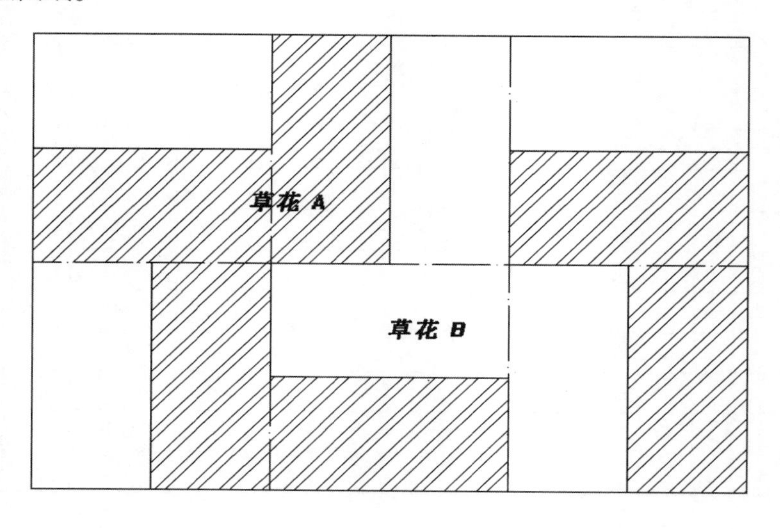

（6）放样工具（皮尺）。

（7）晴天或阴天（不下雨）。

2. 操作内容

（1）翻地，整地。

（2）放样。

（3）种植花卉。

杂物去除，土壤疏松，场地平整，准确定点，灰线清晰，准确用盆花；由内而外；由上而下；先高后矮；先宿根后一、两年生花苗。

3. 操作要求

（1）平整场地，土粒均匀，无杂物。

（2）根据花坛图纸放样。

（3）栽植程序正确。

（4）栽植质量良好：花苗入位准确，整体图案清晰，符合设计图。

（5）工具使用熟练程度：工具使用正确，动作熟练。

（6）文明操作与安全：文明操作，严格执行操作规范，工完场清。

“植物识别与花坛种植”操作技能鉴定

评　分　表

考生姓名：　　　　　　　　　　准考证号：

试题代码及名称		1.3.1 花坛种植（1）			考核时间（min）				60	
评价要素		配分	等级	评分细则	评定等级					得分
					A	B	C	D	E	
1	整地	4	A	场地平整度好，土粒均匀，无杂物						
			B	场地平整度较好，土粒基本均匀，无杂物						
			C	场地平整度一般，土粒基本均匀，有杂物						
			D	场地平整度较差，土粒不均匀，有一些杂物						
			E	场地平整度差，土粒很不均匀，有许多杂物						
2	放样	8	A	按图定点放线准确，灰线规范清晰，花苗选用准确						
			B	按图定点放线准确，灰线基本规范清晰，花苗选用准确						
			C	按图定点放线准确，灰线基本规范清晰，花苗选用基本准确						
			D	按图定点放线基本准确，灰线不规范清晰，花苗选用基本准确						
			E	按图定点放线不准确，灰线不规范清晰，花苗选用不准确或缺考						
3	程序	8	A	由内而外；由上而下；先高后矮；先宿根后一、两年生花苗						
			B	以上三项正确						
			C	以上两项正确						
			D	以上一项正确						
			E	以上四项均不正确或缺考						
4	布置效果	8	A	花苗入位准确，整体图案清晰，符合设计图						
			B	花苗入位准确，整体图案基本清晰，符合设计图						
			C	花苗入位基本准确，整体图案基本清晰，符合设计图						
			D	花苗入位基本准确，整体图案不清晰，基本符合设计图						
			E	花苗入位不准确，整体图案不清晰，不符合设计图或缺考						
5	种植质量	5	A	种植深度正确，种植株行距均匀，不伤花苗						
			B	种植深度较正确，种植株行距较均匀，不伤花苗						
			C	种植深度基本正确，种植株行距基本均匀，较少伤到花苗						

续表

<table>
<tr><td colspan="2">试题代码及名称</td><td colspan="3">1.3.1 花坛种植（1）</td><td colspan="4">考核时间（min）</td><td colspan="2">60</td></tr>
<tr><td colspan="2" rowspan="2">评价要素</td><td rowspan="2">配分</td><td rowspan="2">等级</td><td rowspan="2">评分细则</td><td colspan="5">评定等级</td><td rowspan="2">得分</td></tr>
<tr><td>A</td><td>B</td><td>C</td><td>D</td><td>E</td></tr>
<tr><td rowspan="2"></td><td rowspan="2"></td><td rowspan="2"></td><td>D</td><td>种植深度基本正确，种植株行距不均匀，伤到花苗</td><td rowspan="2"></td><td rowspan="2"></td><td rowspan="2"></td><td rowspan="2"></td><td rowspan="2"></td><td rowspan="2"></td></tr>
<tr><td>E</td><td>种植深度不正确，种植株行距不均匀，伤到许多花苗</td></tr>
<tr><td rowspan="5">6</td><td rowspan="5">工具使用熟练程度</td><td rowspan="5">5</td><td>A</td><td>铁锹、齿耙、种花刀使用方法正确，熟练</td><td rowspan="5"></td><td rowspan="5"></td><td rowspan="5"></td><td rowspan="5"></td><td rowspan="5"></td><td rowspan="5"></td></tr>
<tr><td>B</td><td>铁锹、齿耙、种花刀使用方法正确，基本熟练</td></tr>
<tr><td>C</td><td>铁锹、齿耙、种花刀使用方法基本正确，基本熟练</td></tr>
<tr><td>D</td><td>铁锹、齿耙、种花刀使用方法基本正确，不熟练</td></tr>
<tr><td>E</td><td>铁锹、齿耙、种花刀使用方法不正确，不熟练</td></tr>
<tr><td rowspan="5">7</td><td rowspan="5">文明操作与安全</td><td rowspan="5">2</td><td>A</td><td>文明操作，严格执行操作规范，工完场清</td><td rowspan="5"></td><td rowspan="5"></td><td rowspan="5"></td><td rowspan="5"></td><td rowspan="5"></td><td rowspan="5"></td></tr>
<tr><td>B</td><td>文明操作，执行操作规范，工完没清场</td></tr>
<tr><td>C</td><td>文明操作，没严格执行操作规范，工完场清</td></tr>
<tr><td>D</td><td>没文明操作，没严格执行操作规范，工完场清</td></tr>
<tr><td>E</td><td>操作不文明，工完不清场，没执行操作规范或缺考</td></tr>
<tr><td colspan="2">合计配分</td><td>40</td><td colspan="2">合计得分</td><td colspan="6"></td></tr>
</table>

考评员（签名）：

等级	A（优）	B（良）	C（及格）	D（较差）	E（差或未答题）
比值	1.0	0.8	0.6	0.2	0

“评价要素”得分＝配分×等级比值。

“花卉繁殖与栽培（2）”专项职业能力模拟试卷

“花卉繁殖与栽培（2）”专项职业能力理论知识考试模拟试卷

注意事项

1. 考试时间：45 min。
2. 请首先按要求在试卷的标封处填写您的姓名、准考证号和所在单位的名称。
3. 请仔细阅读各种题目的回答要求，在规定的位置填写您的答案。
4. 不要在试卷上乱写乱画，不要在标封区填写无关的内容。

	一	二	三	总分
得分				

得分	
评分人	

一、判断题（第 1 题~ 第 40 题。将判断结果填入括号中。正确的填“√”，错误的填“×”。每题 1 分，满分 40 分）

1. 种子再通过一定的培育过程而产生新植株的繁殖方法称为无性繁殖。（　　）
2. 留种的母株一般要选择长得高的植株。（　　）
3. 采种的时间一般宜在种子成熟后的晴天晨间进行。（　　）
4. 种子保存时必须注明采种人姓名。（　　）
5. 种子储藏的原则是尽量降低或减弱种子的呼吸作用，最大限度地保存种子的生命力。（　　）
6. 层积储藏种子是将种子与干的沙子进行层层堆积。（　　）
7. 种子采收后，除清洁外未进行其他加工处理的种子是原型种子。（　　）
8. 浸种处理，根据园林花卉不同的种子，可分别使用冷水、温水甚至开水。（　　）
9. 采用敌克松粉剂拌种的方法对种子进行消毒，对预防立枯病效果良好。（　　）
10. 两年生草本花卉一般在春季进行播种。（　　）
11. 一般在品种较多，但每种播种量较少的时候采用条播。（　　）
12. 一般花卉的种子萌发需要有日光照射。（　　）
13. 当幼苗萌发出土后，必须立即将覆盖物去除，逐渐见光。（　　）
14. 经过剪截用于扦插的材料称为接穗。（　　）

15. 温室盆花的扦插繁殖一般也属于生长期扦插范畴。（　　）

16. 由于插穗在没有愈合前，插穗基部有一伤口，容易被细菌、病毒等有害微生物感染，因此扦插基质必须经过消毒才能使用。（　　）

17. 硬枝扦插用已经木质化的 1～2 年生枝条作为插穗。（　　）

18. 凡能进行叶插的花卉，一般都具有粗壮的茎、叶柄、叶脉或肥厚的叶片。（　　）

19. 用根作插穗进行扦插称为根插。（　　）

20. 园林花卉扦插不需要进行病虫害防治等日常养护管理工作。（　　）

21. 合理配制园林植物，可减轻病虫害的危害。（　　）

22. 物理机械防治是通过创造对植物生长有利，对病原物不利的方法防治病害。（　　）

23. 生物防治是当前提倡的病虫害防治方法，但是难度较大。（　　）

24. 以菌治虫就是利用害虫的病原微生物防治害虫。（　　）

25. 生物防治对突发性害虫的防治效果较好。（　　）

26. 使用的药剂浓度与防治效果是成正比的。（　　）

27. 多数合成农药的原药是可溶于水的。（　　）

28. 波尔多液只能现配现用。（　　）

29. 治疗剂一般具有内吸性。（　　）

30. 农药浓度通常用倍数和百分浓度表示。（　　）

31. 花坛土壤（介质）的疏松是指必须对花坛土壤进行必要的翻耕，保证花坛表土层有 30 cm 疏松。（　　）

32. 如果花坛土壤（介质）过于贫瘠，则需要增施经过充分发酵腐熟的有机肥料。（　　）

33. 花坛图案放样必须做到毫厘精确不差。（　　）

34. 立体花坛可按照花坛的设计图纸先做模型，然后根据花坛设计图纸及模型，按照比例放大样。（　　）

35. 花坛花卉栽种的一般形式多采用“品”字形进行。（　　）

36. 单面观赏的花坛花卉种植顺序应先种前面，再种后面。（　　）

37. 花坛花卉栽植后花基面应成为一个平面或者龟甲面。（　　）

38. 点灌主要用于平面的浇水，浇水时对花坛花卉的根系部分进行，保持土壤的湿润。（　　）

39. 花坛中喷泉不属于花坛的设施。（　　）

40. 花坛补植的花苗规格应该比花坛中原有花苗规格小。（　　）

得分	
评分人	

二、单项选择题（第 1 题~ 第 40 题。选择一个正确的答案，将相应的字母填入题内的括号。每题 1 分，满分 40 分）

1. 留种母株选择的时间一般在花卉的（　　）进行。

A. 始花期　　B. 盛花期　　C. 晚花期　　D. 末花期

2. 采种的部位不宜选择（　　）。

A. 先开的花所结的种子　　B. 主干上的花所结的种子

C. 主枝上的花所结的种子　　D. 侧枝上的花所结的种子

3. 种子保存时可以不注明（　　）。

A. 采种日期　　B. 采种人姓名　　C. 种类名称　　D. 品种的特性

4. 在低于（　　）的相对湿度和低于 5℃的温度条件下，种子的生活力保持较久。

A. 5%　　B. 20%　　C. 35%　　D. 50%

5. 在特别细小的种子外面粘合一层泥土之类的物质，改变种子的大小形状，使种子颗粒增大，便于播种操作的是（　　）。

A. 整洁型种子　　B. 包衣型种子　　C. 丸粒型种子　　D. 经催芽处理的种子

6. 采用 1% 升汞水溶液浸种的方法对种子进行消毒，其浸种子时间为（　　）。

A. 1 min　　B. 10 min　　C. 1 h　　D. 10 h

7. 一年生草本花卉一般在（　　）播种。

A. 1—2 月间　　B. 4—5 月间　　C. 7—8 月间　　D. 9—10 月间

8. 种子粒大并且量小时，一般采用（　　）。

A. 条播　　B. 点播　　C. 撒播　　D. 飞播

9. 用育苗盘播种后一般采用（　　）进行浇水。

A. 滴灌　　B. 浇灌　　C. 浸盆法渗灌　　D. 漫灌

10. 各种花卉种子在萌发时需要的水量是不同的，种子萌发最佳的土壤水分为土壤饱和含水量的（　　）。

A. 10%　　B. 25%　　C. 40%　　D. 60%

11. 不耐寒花卉种子萌发的最适温度为（　　）。

A. 0 ~ 5℃　　B. 10 ~ 16℃　　C. 27 ~ 32℃　　D. 35 ~ 40℃

12. 播种后用细筛覆土，其厚度一般为种子直径的（　　）。

A. 0.1～0.5倍　　B. 0.5～1倍　　C. 2～3倍　　D. 5～6倍

13. 扦插繁殖是切取植物体的（　　），并将其插入土或沙中，使其生根发芽，成为新的独立的新植物体的方法。

A. 细胞　　B. 组织　　C. 营养器官　　D. 生殖器官

14. 生长期扦插的具体时间一般在（　　）。

A. 12—2月　　B. 3—5月　　C. 6—8月　　D. 9—11月

15. 休眠期扦插也称为（　　）扦插。

A. 半嫩枝　　B. 嫩枝　　C. 半熟枝　　D. 硬枝

16. 下列介质中，一般不用来作扦插繁殖介质使用的是（　　）。

A. 黏土　　B. 河沙　　C. 沙质壤土　　D. 山泥

17. 嫩枝扦插插穗插入的深度为插穗长度的（　　）。

A. <1/3　　B. 1/3～1/2　　C. 1/2～2/3　　D. >2/3

18. 扦插时（　　）叶脉处产生幼小植株。

A. 落地生根　　B. 虎尾兰　　C. 三色堇　　D. 蟆叶秋海棠

19. 绝大多数花卉嫩枝扦插的适宜温度一般为（　　）。

A. 5～10℃之间　　B. 10～15℃之间

C. 15～20℃之间　　D. 20～25℃之间

20. 为了避免插穗枝叶中的水分过分蒸腾，要求保持较高的空气湿度，通常以（　　）的相对湿度为宜。

A. 70%左右　　B. 80%左右　　C. 90%左右　　D. 100%左右

21. 上海的土壤（　　），种植前，应根据植物的生长习性加以改造。

A. 呈中性　　B. 呈弱酸性　　C. 呈强酸性　　D. 呈碱性

22. 用阻隔法主要防治（　　）的成虫扩散、迁移。

A. 具假死性　　B. 具趋光性

C. 具群集性　　D. 不善飞翔

23. （　　）属于物理及机械防治。

A. 合理配制植物　　B. 选苗　　C. 苗圃改造　　D. 暴晒土壤

24. 以性诱剂防治斜纹夜蛾，水淹雄成虫，水面以离诱芯（　　）为宜。

A. 2～5 cm　　B. 6～9 cm　　C. 10～13 cm　　D. 14～17 cm

25. 下列植物中，（　　）对常用化学药剂敏感，易产生药害。

A. 月桂　　B. 广玉兰　　C. 月季　　D. 梅

26. 下列药剂中属于保护性杀菌剂的是（　　）。

A. 50%多菌灵可湿性粉剂　　B. 75%百菌清可湿性粉剂

C. 20%粉锈宁乳油　　D. 50%敌克松可湿性粉剂

27. 下列说法正确的是（　　）。

A. 对于病害的防治，重在农药使用

B. 在病害发生初期，用治疗剂进行防治

C. 对大多数植物而言，病害几乎是只能预防不能治理

D. 病害发生后，先喷杀菌剂，再清除有病叶片

28. 75%百菌清可湿性粉剂属于（　　）。

A. 杀虫剂　　B. 杀螨剂　　C. 杀菌剂　　D. 除草剂

29. 常用的除草剂有（　　）。

A. 粉锈宁　　B. 百菌清　　C. 草甘膦　　D. 大生

30. 波尔多液呈（　　）。

A. 弱酸性　　B. 强酸性　　C. 中性　　D. 碱性

31. 一级花坛种植土的 pH 值为（　　）。

A. 4.0~5.0　　B. 5.0~6.0　　C. 6.0~7.0　　D. 7.0~8.0

32. 如果花坛土壤质地过劣，则应该（　　）。

A. 增施有机肥料　　B. 浇水洗盐

C. 更换土壤　　D. 覆盖地膜

33. 花坛图案放线总的过程是从（　　）开始。

A. 四角　　B. 中心　　C. 边线　　D. 任何处

34. 在制作立体花坛时必须准确计算花坛的总重量与（　　）。

A. 地下基础的连接　　B. 地面基础的连接

C. 地下的荷载　　D. 地面的荷载

35. 花坛花卉栽种的间距应根据各种花卉植物的生长规律确定，要求花坛花卉（　　）时不露地面为原则。

A. 初花期　　B. 盛花期　　C. 晚花期　　D. 末花期

36. 四面观赏的花坛，花卉种植的顺序应该是（　　）。

A. 从四周向中心　　B. 从四角向中心

C. 从四边向中心　　D. 从中心向四周

37.《园林绿化养护技术等级标准》规定花坛中的植株被有害生物侵染的受害率应控制在（　　）。

A. 3%以下　　B. 4%以下　　C. 5%以下　　D. 6%以下

38. 如果浇水后花坛花卉普遍出现萎蔫状态，则说明浇水时是（　　），没有浇透。

A. 地皮过水湿　　B. 水过地皮湿　　C. 湿水过地皮　　D. 湿地过水

39. 每次花坛花卉更换时一级花坛土壤露白时间不得超过（　　）。

A. 7 天　　B. 14 天　　C. 20 天　　D. 28 天

40. 在花坛养护过程中必须做到花坛的残花量在（　　）。

A. 1% 以下　　B. 5% 以下　　C. 15% 以上　　D. 20%

得分	
评分人	

三、多项选择题（第 1 题~ 第 10 题。选择两个或以上正确的答案，将相应字母填入题内的括号中，多选、少选、选错均不得分。每题 2 分，满分 20 分）

1. 下列特点是有性繁殖优点的是（　　）。

A. 开花延迟　　B. 繁殖的植株根系强大

C. 植株寿命较长　　D. 适应不良环境的能力较强

2. 园林花卉种子采收的方式有（　　）。

A. 提前采收　　B. 推迟采收　　C. 分批采收　　D. 一次性采收

3. 下列园林花卉中，种子属于短命种子，其种子发芽力只能保持数个月的是(　　)。

A. 孔雀草　　B. 四季秋海棠　　C. 报春花　　D. 荷花

4. 种子储藏的一般方法有（　　）。

A. 干燥储藏法　　B. 密封储藏法　　C. 低温储藏法　　D. 干燥密封法

5. 下列园林花卉的种子储藏时采用层积储藏法的是（　　）。

A. 孔雀草　　B. 牡丹　　C. 芍药　　D. 荷花

6. 发育充实的种子往往具有（　　）特征。

A. 粒大　　B. 量重　　C. 色深　　D. 饱满

7. 种子清洁和选择的方法有（　　）。

A. 风选　　B. 水选　　C. 筛选　　D. 粒选

8. 种子处理的方式有（　　）。

A. 浸种　　B. 拌种　　C. 机械处理　　D. 化学处理

9. 播种的主要方法有（　　）三种。

A. 苗床播种　　B. 碗播

C. 盆（或育苗盘）播　　D. 穴盘育苗

10. 与播种苗相比，下列特点是扦插繁殖优点的是（　　）。

A. 根系浅　　B. 能获得与母本持有同一遗传因子的新个体

C. 抗性差　　D. 开花结实早

“花卉繁殖与栽培（2）”专项职业能力理论知识考试模拟试卷参考答案

一、判断题

1. × 2. × 3. √ 4. × 5. √ 6. × 7. × 8. √ 9. √ 10. × 11. √ 12. × 13. √ 14. × 15. √ 16. √ 17. √ 18. × 19. √ 20. × 21. √ 22. × 23. √ 24. √ 25. × 26. × 27. × 28. √ 29. √ 30. √ 31. √ 32. √ 33. × 34. √ 35. × 36. × 37. √ 38. × 39. × 40. ×

二、单项选择题

1. A 2. D 3. B 4. A 5. C 6. B 7. B 8. B 9. C 10. D 11. C 12. C 13. C 14. C 15. D 16. A 17. B 18. D 19. D 20. C 21. D 22. D 23. D 24. A 25. D 26. B 27. C 28. C 29. C 30. D 31. C 32. C 33. B 34. D 35. B 36. D 37. A 38. B 39. B 40. B

三、多项选择题

1. BCD 2. ACD 3. BC 4. ACD 5. BC 6. ABCD 7. ABCD 8. ABCD 9. ACD 10. BD

“花卉繁殖与栽培（2）”专项职业能力操作技能考核模拟试卷

“花卉繁殖与栽培（2）”操作技能鉴定

试题单

试题代码：1.1.1。

试题名称：杜鹃扦插。

考核时间：30 min。

1. 操作条件

（1）室外（每工位一人）。

（2）介质（或培养土）（粗细两种，分开放置）。

（3）育苗盘（一个）。

（4）花铲（一把）。

（5）制作插穗枝条（60 根）。

（6）剪刀（一把）。

（7）喷水壶（一只）。

（8）水源（共用）。

（9）遮阴苗床（6 m^2，共用）。

2. 操作内容

（1）介质放置。

（2）插穗选择。

（3）插穗制作。

（4）扦插（36 棵）。

（5）浇水与遮阳。

（6）将操作完成后的成品放到指定地点。

3. 操作要求

（1）扦插介质放置：能做到上粗下细；装盘厚度合适；表面平整。

（2）插穗的选择、制作：选择健壮、无病虫害；留叶适当（保留顶端叶子 5 ~ 6 片）；插穗长度正确（5 ~ 6 cm）；剪口光滑。

（3）插穗插入：插入深度一致（为插穗长度的 1/3 ~ 1/2）；株行距适当（按 4 × 10 cm 进行操作）；插穗间叶片不重叠；排列均匀整齐。

（4）浇水、遮阴：喷雾浇水；浇透介质；无倾斜苗；能放置于阴凉处。

（5）工具使用熟练程度：工具使用正确，动作熟练。

（6）文明操作与安全：文明操作，严格执行操作规范，工完场清。

（7）在规定时间内独立完成。

“花卉繁殖与栽培（2）”操作技能鉴定

评　分　表

试题代码及名称		1.1.1 杜鹃扦插			鉴定时限（min）				30	
评价要素		配分	等级	评分细则	评定等级					得分
1	扦插介质放置	4	A	能做到上粗下细；装盘厚度合适；表面平整						
			B	能做到上粗下细；装盘厚度不合适；表面平整						
			C	能做到上粗下细；装盘厚度合适；表面不平整						
			D	能做到上粗下细；装盘厚度不合适；表面不平整						
			E	不能做到上粗下细或未答题						
2	插穗的选择、制作	6	A	选择健壮、无病虫害；留叶适当（保留顶端叶子5～6片）；插穗长度正确（5～6 cm）；剪口光滑						
			B	有一部分错误						
			C	有两部分错误						
			D	有三部分错误						
			E	四部分都错误或未答题						
3	插穗插入	6	A	插入深度一致（为插穗长度的1/3～1/2）；株行距适当（按4×10 cm进行操作）；插穗间叶片不重叠；排列均匀整齐						
			B	有一部分错误						
			C	有两部分错误						
			D	有三部分错误						
			E	四部分都错误或未答题						
4	浇水、遮阴	5	A	喷雾浇水；浇透介质；无倾斜苗；能放置于阴凉处						
			B	喷雾浇水；没有充分浇透介质；无倾斜苗；能放置于阴凉处						
			C	没有采用喷雾浇水；没有充分浇透介质；无倾斜苗；能放置于阴凉处						
			D	没有采取喷雾浇水；没有浇透介质；无倾斜苗；没有放置于阴凉处						
			E	没有浇透介质；浇水后插穗有倾斜；没有放置于阴凉处或未答题						

续表

试题代码及名称		1.1.1 杜鹃扦插			鉴定时限（min）				30	
评价要素		配分	等级	评 分 细 则	评定等级					得分
5	工具使用熟练程度	2	A	工具使用正确，动作熟练						
			B	—						
			C	工具使用正确，动作不熟练						
			D	—						
			E	工具使用不正确，动作不熟练或未答题						
6	文明操作与安全	2	A	文明操作，严格执行操作规范，工完场清						
			B	文明操作，执行操作规范，工完没清场						
			C	文明操作，没严格执行操作规范，工完场清						
			D	没文明操作，没严格执行操作规范，工完场清						
			E	操作不文明，完工不清场，没执行操作规范或未答题						
合计配分		25		合计得分						

考评员（签名）：

等级	A（优）	B（良）	C（合格）	D（较差）	E（差或缺考）
比值	1.0	0.8	0.6	0.2	0

“评价要素”得分＝配分×等级比值。

“花卉繁殖与栽培（2）”操作技能鉴定

试题单

试题代码：1.2.1。

试题名称：文竹播种育苗。

考核时间：30 min。

1. 操作条件

（1）室外（每工位一人）（1 m×1.5 m）。

（2）介质（或培养土）（粗细两种，分开放置）。

（3）花铲（一把）。

（4）育苗盘（一个）。

（5）文竹种子（50 粒）。

（6）木板（一块）（长×宽×高＝20 cm×12 cm×1.5 cm）。

（7）筛子（一个）（筛孔：1～2 mm）。

（8）水源（水池；共用）（长×宽×高＝2 m×1.5 m×0.3 m）。

2. 操作内容

（1）装盘。

（2）播种。

（3）覆土。

（4）浇水。

（5）将操作完成后的成品放到指定地点。

3. 操作要求

（1）装盘：能做到上粗下细；装盘厚度合适；表面平整。

（2）播种：播种方式正确（点播）；播种均匀。

（3）覆土：覆土方式正确；表面平整。

（4）浇水：能采用浸盆法浇水；浇水后介质湿度适宜；浇水后介质表面平整；能将成品放到指定地点。

（5）在规定时间内独立完成。

“花卉繁殖与栽培（2）”操作技能鉴定

评　分　表

试题代码及名称		1.2.1 文竹播种育苗			鉴定时限（min）				30	
评价要素		配分	等级	评分细则	评定等级					得分
1	装盘	3	A	能做到上粗下细；装盘厚度合适；表面平整						
			B	能做到上粗下细；装盘厚度不合适；表面平整						
			C	能做到上粗下细；装盘厚度合适；表面不平整						
			D	能做到上粗下细；装盘厚度不合适；表面不平整						
			E	不能做到上粗下细或未答题						
2	播种	6	A	播种方式正确（点播）；播种均匀						
			B	—						
			C	播种方式正确（点搐）；播种不均匀						
			D	—						
			E	播种方式不正确；播种不均匀						

续表

试题代码及名称		1.2.1 文竹播种育苗		鉴定时限（min）					30
评价要素		配分	等级	评分细则	评定等级				得分
3	覆土	6	A	覆土方式正确；表面平整					
			B	覆土方式正确；表面不平整					
			C	覆土方式不正确；表面平整					
			D	覆土方式不正确；表面不平整					
			E	没有进行覆土					
4	浇水	9	A	能采用浸盆法浇水；浇水后介质湿度适宜；浇水后介质表面平整；能将成品放到指定地点					
			B	能采用浸盆法浇水；浇水后介质湿度适宜；浇水后介质表面平整；没有将成品放到指定地点					
			C	能采用浸盆法浇水；浇水后介质湿度不适宜；浇水后介质表面平整；没有将成品放到指定地点					
			D	能采用浸盆法浇水；浇水后介质湿度不适宜；浇水后介质表面不平整；没有将成品放到指定地点					
			E	没有采用浸盆时法浇水					
5	文明操作与安全	1	A	文明操作，严格执行操作规范，工完场清					
			B	文明操作，执行操作规范，工完没清场					
			C	文明操作，没严格执行操作规范，工完场清					
			D	没文明操作，没严格执行操作规范，工完场清					
			E	操作不文明，完工不清场，没执行操作规范					
合计配分		25		合计得分					

考评员（签名）：

等级	A（优）	B（良）	C（及格）	D（较差）	E（差或缺考）
比值	1.0	0.8	0.6	0.2	0

“评价要素”得分 = 配分 × 等级比值。

“花卉繁殖与栽培（2）”操作技能鉴定

试题单

试题代码：1.3.1。

试题名称：斜纹夜蛾防治药剂配制。

考核时间：30 min。

1. 操作条件

（1）药剂（四种：灭蛾灵、睛菌唑、辛硫磷、吡虫啉）。

（2）量器（一套）（包括量筒、量杯、移液管、天平、药匙、滤纸）。

（3）水（水源）。

（4）瓶刷（一把）。

（5）抹布（一块）。

（6）塑料桶（一只）。

（7）废药回收处（一处，共用）。

2. 操作内容

配制斜纹夜蛾防治药剂。

3. 操作要求

（1）药剂选择：药剂种类选择正确。

（2）药剂量取：药剂量取准确（药剂量误差小于 1 mL）。

（3）药剂配制：浓度配制正确（按要求稀释成 1∶800 倍液）。

（4）剩余药剂整理：剩余药剂及时收好，空包装物不乱扔乱放。

（5）量器清洗：量器、药械进行清洗干净，方法正确。

（6）量器使用熟练程度：量器操作使用正确，动作熟练。

“花卉繁殖与栽培（2）”操作技能鉴定

评 分 表

试题代码及名称		1.3.1 斜纹夜蛾防治药剂配制			考核时间（min）			30		
评价要素		配分	等级	评分细则	评定等级					得分
					A	B	C	D	E	
1	药剂选择	3	A	药剂类别选择正确						
			B	—						
			C	—						
			D	—						
			E	药剂类别选择错误或未答题						
2	药剂量取	8	A	药剂量取准确（药剂量误差小于 1 mL）						
			B	—						
			C	药剂量取较准确（药剂量误差大于 1 mL，小于 2 mL）						

续表

试题代码及名称		1.3.1 斜纹夜蛾防治药剂配制			考核时间（min）			30		
评价要素		配分	等级	评分细则	评定等级					得分
					A	B	C	D	E	
			D	—						
			E	药剂量取不准确（药剂量误差大于 2 mL），或未答题						
3	药剂配制	8	A	浓度配制正确						
			B	—						
			C	浓度配制基本正确						
			D	—						
			E	浓度配制不正确或未答题						
4	剩余药剂整理	2	A	剩余药剂及时收好，空包装物不乱扔乱放						
			B	剩余药剂及时收好，空包装物乱扔乱放						
			C	剩余药剂、空包装物基本收好						
			D	剩余药剂未收好，空包装物不乱扔乱放						
			E	剩余药剂未整理，空包装物乱扔乱放或未答题						
5	量器清洗	2	A	量器、药械进行清洗干净，方法正确						
			B	—						
			C	量器、药械进行清洗，方法不正确						
			D	—						
			E	没有对量器、药械进行清洗或未答题						
6	量器使用熟练程度	2	A	量器操作使用正确，动作熟练						
			B	—						
			C	量器操作使用正确，动作不熟练						
			D	—						
			E	量器操作使用不正确，动作不熟练或未答题						
合计配分		25		合计得分						

考评员（签名）：

等级	A（优）	B（良）	C（及格）	D（较差）	E（差或缺考）
比值	1.0	0.8	0.6	0.2	0

“评价要素”得分 = 配分 × 等级比值。

参考文献

［1］上海市园林学校. 园林植物栽培学［M］. 北京：中国林业出版社，1992.

［2］叶剑秋. 花卉园艺［M］. 上海：上海文化出版社，1997.

［3］赵庚义，等. 草本花卉育苗新技术［M］. 北京：中国农业出版社，1997.

［4］黄茂如. 杜鹃花［M］. 上海：上海科学技术出版社，1998.

［5］傅玉兰. 花卉学［M］. 北京：中国农业出版社，2001.

［6］刘仁林. 园林植物学［M］. 北京：中国科学技术出版社，2003.

［7］朱迎迎. 花卉装饰技术［M］. 北京：高等教育出版社，2005.

［8］俞仲辂. 新优园林植物选编［M］. 杭州：浙江科学技术出版社，2005.

［9］强胜. 植物学［M］. 北京：高等教育出版社，2006.

［10］李传仁. 园林植物保护［M］. 北京：化学工业出版社，2007.

［11］江世宏. 园林植物病虫害防治［M］. 重庆：重庆大学出版社，2007.

［12］康亮. 园林花卉学［M］第2版. 北京：中国建筑工业出版社，2008.

［13］潘文明. 园林技术专业实训指导［M］. 苏州：苏州大学出版社，2009.

［14］陈有民. 园林树木学［M］. 北京：中国林业出版社，2010.

［15］王润珍. 园林植物病虫害防治［M］. 北京：化学工业出版社，2012.